KB235662

Pancake
이토록 멋진 카페 스타일
팬케이크 레시피
34 Style

Contents

Basic

Pancake

프라이팬에 구워서 '팬케이크'래요.
생각나면 바로, 집에 늘 있는 재료와 도구로
간단하게 만들 수 있는 신나는 간식입니다.
빵이 구워지는 좋은 냄새.
두둥실 달콤한 향기가 떠도는 바로 여기가 행복의 공간.

두껍게 구운 팬케이크, 얇게 구운 팬케이크, 폭신폭신 머랭을 넣은 팬케이크.
배합을 조금만 달리해도 간단하게 여러 가지 맛을 즐길 수 있어서 재미있어요.

한 끼 식사로, 즐거운 간식으로, 술한잔하고 싶을 때 안주로
매일의 순간순간 속에서 즐길 수 있는 레시피를 소개합니다.

여러분의 '팬케이크 라이프'가 더욱 즐겁고 행복할 수 있기를.

Basic 3가지 기본 팬케이크

푹신하고 두껍게 구운 팬케이크
덜 달게 만든 얇고 촉촉한 팬케이크
폭신폭신하고 가벼운 식감의 팬케이크
서로 다른 3가지 기본 팬케이크를 소개합니다

기본 반죽 Type1

재료를 섞기만 하면 되는 손쉬운 반죽입니다.
기본 반죽 Type2에 비해 약간 달콤하고 폭신폭신하면서도 촉촉한
옛날 그대로의 그리운 맛이 나는 팬케이크.
이 반죽은 프라이팬에서 구워도 좋고 무스틀에 넣어
아주 두껍게 구울 수도 있어요.

재료 (12cm로 6장 분량)

달걀	중간 크기 2개
그래뉴당	25g
우유*	100~120g
소금	1/3작은술
샐러드유*	2큰술
A 박력분	200g
베이킹파우더	1작은술
베이킹소다	1작은술

※ 샐러드유 → 버터(무염) 30g을 써도 된다.
※ 우유 → 두껍게 만들고 싶을 때는 100g.
　부드럽게 만들고 싶을 때는 조금 더 넣어줍니다.
　사용하는 박력분의 종류에 따라서도 달라지므로 조절해주세요.

준비해둘 것　•A의 가루류는 합쳐서 체에 쳐둔다.

1　볼에 달걀을 넣어 거품기로 풀고 그래뉴당을 넣는다. 그래뉴당이 녹을 만큼만 가볍게 거품을 낸다.

2　우유와 소금을 넣고 섞는다.

3　샐러드유를 넣고 섞는다. ※버터풍미를 내고 싶을 때는 샐러드유 대신 녹인 버터를 넣는다.

4　합쳐서 체에 쳐둔 가루류를 3에 한꺼번에 넣는다.

5　거품기 안으로 가루와 반죽을 통과시키는 느낌으로 대충 섞는다.

6　날가루가 보이지 않을 때까지 섞다가 고무주걱으로 볼 주위를 균일하게 만든다(너무 많이 섞어서 끈적이지 않아야 폭신하게 잘 부푼다).

7　프라이팬을 중불에서 달군다. 수지 가공이 된 프라이팬은 기름을 두르지 않아도 된다.

8　뜨거워졌으면 불을 끄고 젖은 행주 위에 한번 내려놓아 열을 조절한 후, 다시 가스레인지에 올려놓는다.

9　가스불을 켜기 전에 지름 12cm 정도(높은 위치에서 반죽을 떨어뜨리면 깔끔하게 만들어진다)로 반죽을 붓는다. 가스를 약한 중불로 켠다.

10　반죽 표면 전체에 기포가 생기고 몇 개가 터지는 상태가 됐으면(1분 30초~2분) 뒤집는다.

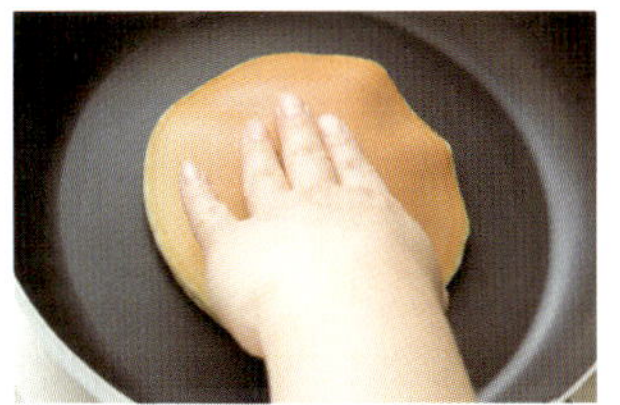

11　알맞게 구워졌을 때의 색깔. P.17 구워진 색을 판별하는 법 참조

12　뒤집었으면 프라이팬의 뚜껑을 덮고 바닥면을 약 1분간 굽는다.

13　중심부분을 가볍게 눌렀을 때 탄력이 느껴지고 노릇노릇한 색으로 구워졌으면 다 익은 것.

14　판이나 접시 위에 꺼내놓고 나머지 반죽도 같은 방법으로 굽는다. 마르지 않게 행주를 덮어두면 좋다.

여러 가지 굽는 법

무스틀로 굽기

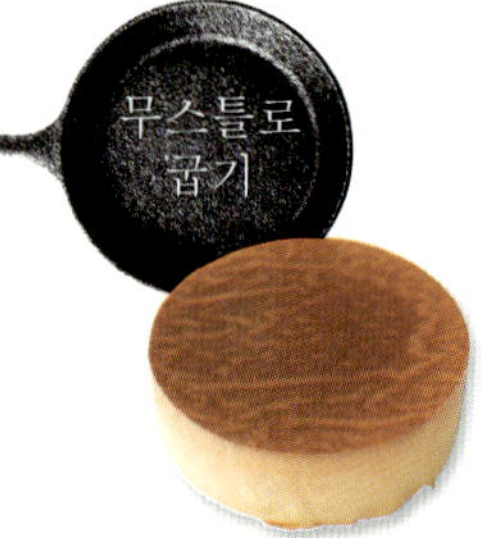

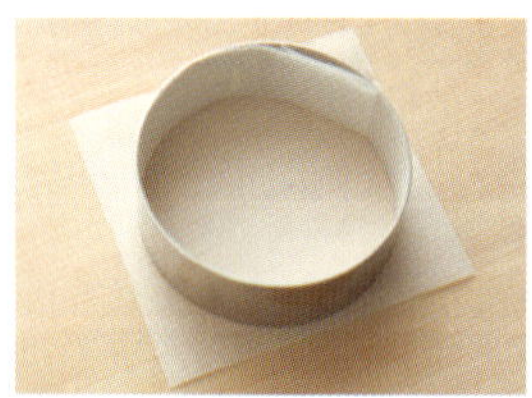

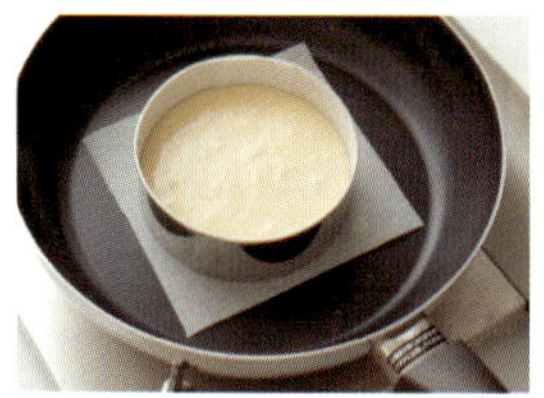

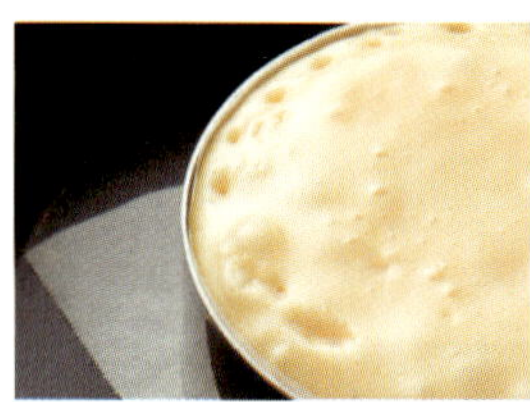

1 무스틀 속에 자른 오븐페이퍼를 띠처럼 두른다. 바닥에 깔 오븐페이퍼도 준비한다.

2 달궜다가 한번 식힌 프라이팬에 1을 올리고 완성된 반죽을 반 정도 채운다.

3 프라이팬 뚜껑을 닫고 아주 약한 불에서 약 10분 굽는다. 부풀고 반죽 주위가 단단해지기 시작하면 뒤집을 타이밍.

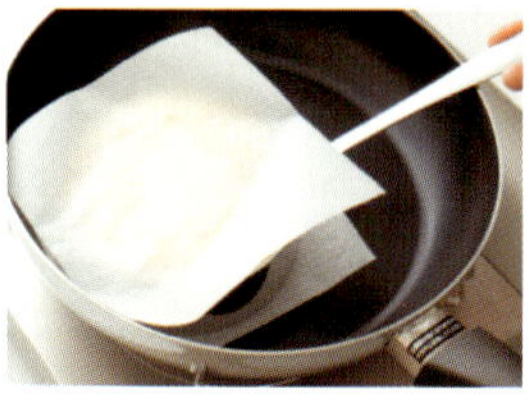

4 오븐페이퍼를 위에 놓고 뒤집개를 틀 바닥의 페이퍼 아래로 넣어서 들어올린다.

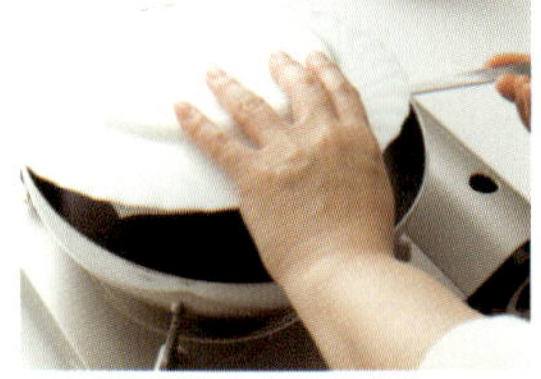

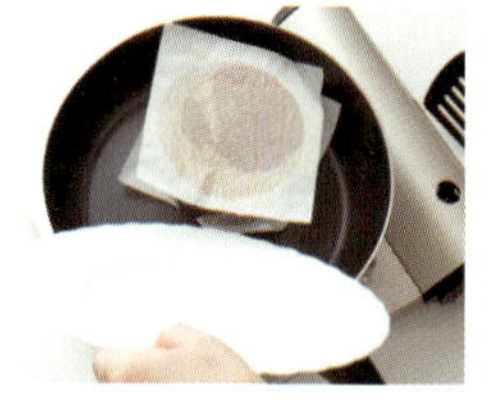

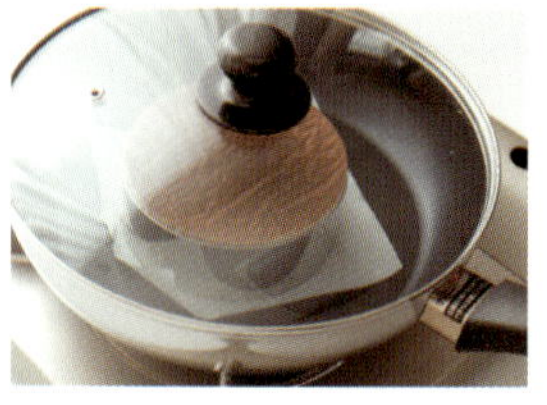

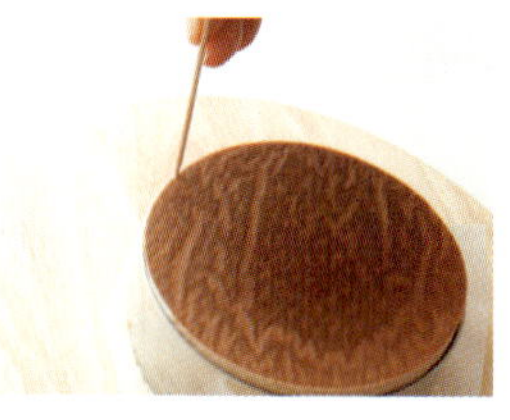

5 접시같은 것을 씌워서 들어올린 무스틀에 대고 그대로 뒤집는다. 다른 프라이팬을 씌운 후 뒤집어서 구워도 된다.

6 바닥면이 위가 된 상태로 접시에 올려져 있으니 프라이팬에 그대로 미끄러뜨린다. 뒤집기 완성.

7 윗면의 오븐페이퍼를 벗긴다. 뚜껑을 덮고 아주 약한 불에서 약 10분간 굽는다(미묘한 불 조절로도 달라질 수 있으므로 주의한다).

8 판이나 접시 위에 꺼내놓는다. 무스틀이 뜨거우므로 주의할 것. 오븐페이퍼의 바깥쪽에 대나무꼬치를 찔러 넣고 한 바퀴 빙 돌린 후, 무스틀을 벗겨내고 페이퍼를 떼어낸다.

작은 프라이팬으로 굽기

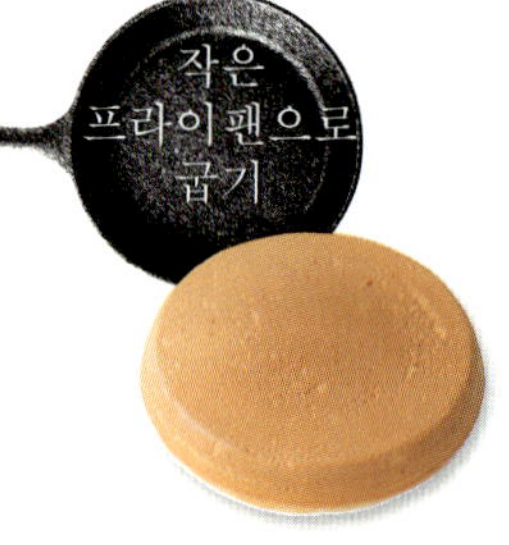

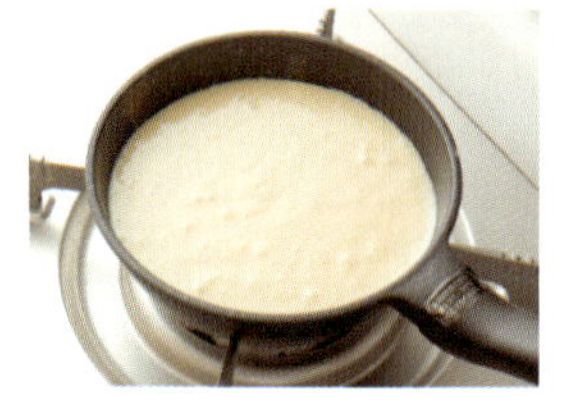

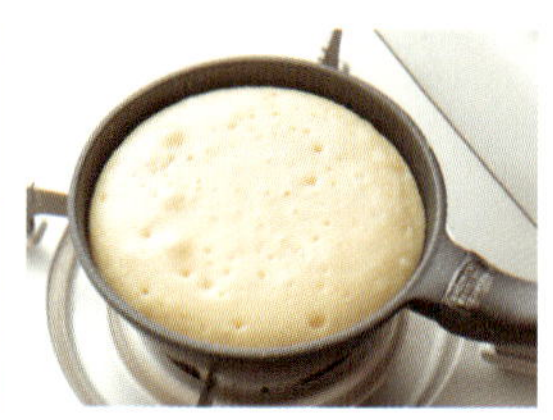

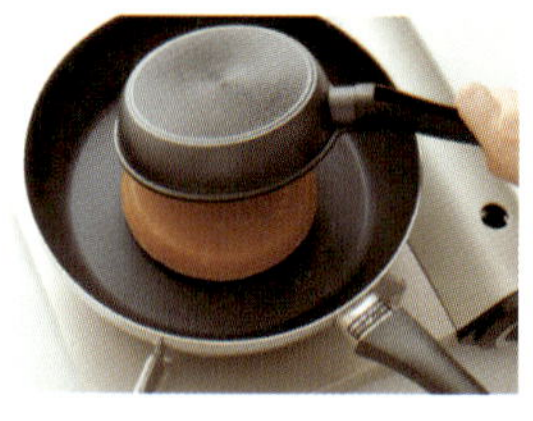

1 프라이팬을 달궜다가 젖은 행주 위에 한번 내려놓아 열을 조절한다. 가스불을 켜지 말고 프라이팬의 반 정도까지 반죽을 붓는다.

2 뚜껑을 덮고 아주 약한 불에서 약 10분간 굽는다. 부풀고 표면이 마른 듯한 상태가 뒤집을 타이밍.

3 다른 프라이팬을 데우고 거기에 뒤집어 넣는다. 아주 약한 불에서 5분 정도 구워서 탄력이 생기면 다 구워진 것. 팬케이크의 옆면도 노릇노릇한 옅은 갈색으로 예쁘게 구워진다.

사각 프라이팬으로 굽기

수지가공이 된 것

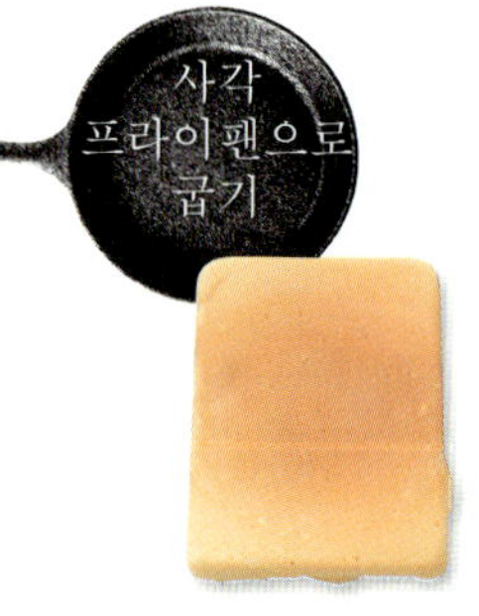

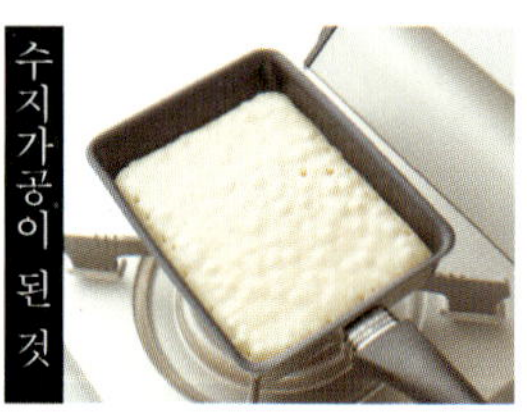

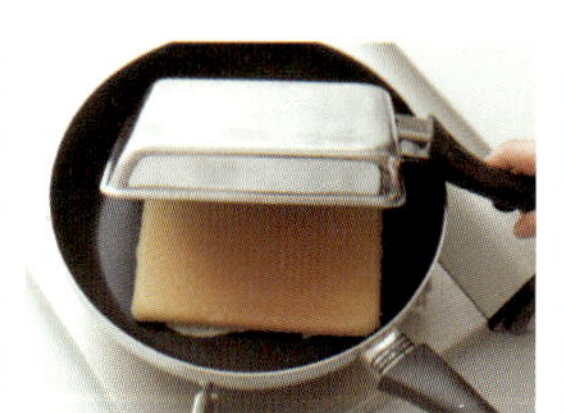

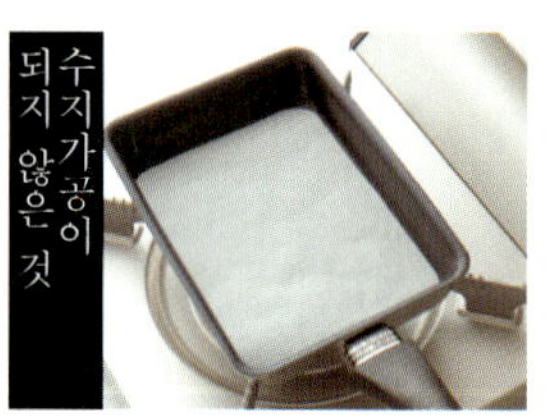

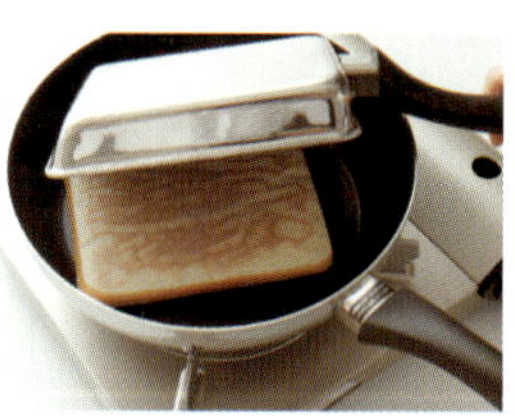

1 프라이팬을 달궜으면 젖은 행주 위에 한번 내려놓아 열을 조절한다. 가스불을 켜기 전에 프라이팬에 반죽을 부은 후, 뚜껑을 덮어 약불에서 약 3분간 굽는다(두께에 따라 조절).

2 다른 프라이팬을 달구고 거기에 뒤집어 넣는다. 약불에서 2~3분 굽고 탄력이 생기면 다 구워진 것. 두껍게 구울 때는 1,2 모두 아주 약불에서 2~3분 정도 굽는 시간을 늘린다.

수지가공이 되지 않은 것

1 바닥사이즈로 자른 오븐페이퍼를 깐다. 반죽을 붓고 굽는다.

2 다른 프라이팬을 달구고 거기에 뒤집어서 넣는다. 그대로 약불에서 2~3분 구워 탄력이 생기면 다 구워진 것. 구워진 색이 균일하지 않다.

기본 반죽 Type 2

재료 (12cm로 8장 분량)

달걀	중간 크기	2개
그래뉴당		30g
요구르트*		80g
물*		20g
우유		100g
소금		1/3작은술
샐러드유*		2큰술
A 박력분		200g
베이킹파우더		1작은술
베이킹소다		1작은술

* 요구르트+물 → 마시는 요구르트 100g,
 또는 액체 버터밀크 100g을 넣어도 된다.
* 샐러드유 → 버터(무염) 30g을 넣어도 된다.

준비해둘 것 • A의 가루류는 합쳐서 체에 쳐둔다.

재료를 섞기만 하면 되는 간단한 반죽.
기본 반죽 Type1에 비해서 덜 달고 쫄깃쫄깃하며,
얇게 부치는 타입의 촉촉한 팬케이크입니다.
이 반죽은 간식 이외에 식사 메뉴로도 좋습니다.

반죽 만들기

1 볼에 달걀을 넣어 거품기로 풀고 그래뉴당을 넣는다.

2 그래뉴당이 녹을 정도까지 가볍게 거품을 낸다.

3 요구르트와 물을 넣는다.

4 우유와 소금을 넣고 잘 섞는다.

5 샐러드유를 넣고 섞는다. ※버터 풍미를 내고 싶을 때는 샐러드유 대신 녹인 버터를 넣는다.

6 합쳐서 체에 쳐 둔 가루류를 5에 한꺼번에 넣는다.

7 거품기 안으로 가루와 반죽을 통과시키는 느낌으로 대충 섞는다.

8 날가루가 보이지 않는 매끄러운 상태가 될 때까지 섞는다. 반죽 완성.

9 고무주걱으로 볼 주위를 깔끔하게 정리하고 그 상태로 상온에서 5분 정도 휴지시킨다.

굽기

10 프라이팬을 중불에서 달군다. 뜨거워졌으면 불을 끄고 젖은 행주 위에 한 번 내려놓아 열을 조절한 후, 다시 가스레인지에 올려놓는다.

11 불을 켜기 전에 지름 11cm 정도(높은 위치에서 반죽을 떨어뜨리면 깔끔한 원이 만들어진다)로 반죽을 붓는다. 약한 중불로 켠다.

12 반죽 표면 전체에 기포가 생기고 몇 개가 터지는 상태가 되면(약 1분 30초) 뒤집는다.

13 뒤집은 후 프라이팬에 뚜껑을 덮고 바닥면을 약 1분간 굽는다. 중심부분을 가볍게 눌렀을 때 탄력이 느껴지고 노릇노릇한 색으로 구워졌으면 다 익은 것.

14 판이나 접시 위에 꺼내놓고 나머지 반죽도 같은 방법으로 굽는다. 마르지 않게 행주로 덮어두면 좋다.

기본 반죽 Type**3**

달걀흰자와 그래뉴당(설탕)을 휘핑하여 눈처럼 거품을 낸 것이 머랭.
머랭을 반죽에 섞어 기본 반죽 Type1.2와는 다른
수플레처럼 폭신하고 가벼운 식감을 내는 팬케이크입니다.
이 반죽은 머랭이 사그라지기 전에 굽는 것이 포인트.
더욱 폭신폭신하게 완성됩니다.

재료 (11cm로 6장 분량)

달걀노른자	중간 크기 2개
요구르트	50g
우유	100g
소금	1/4 작은술
샐러드유*	2큰술
A 박력분	100g
옥수수전분	20g
베이킹소다	1/2 작은술
★ 달걀흰자	중간 사이즈 2개
그래뉴당	40g

* 샐러드유 → 버터(무염) 30g을 넣어도 된다.

준비해둘 것　•A의 가루류는 합쳐서 체에 쳐둔다.

Point

❶머랭이 가라앉기 쉬우므로 여러 개의 프라이팬을 사용하여 가능한 빨리 다 굽거나 1/2분량씩 사용합니다.
❷머랭이 사그라지면 폭신폭신하게 구워지지 않습니다. 그 때는 베이킹소다 1/2작은술을 적당량의 우유에 섞은 것을 완성된 반죽에 조금씩 넣어서 Type2 반죽 정도의 묽기로 만들어 구워주세요.

1　달걀노른자와 흰자를 각각의 볼에 분리하여 넣는다.

2　달걀노른자를 풀고 요구르트를 넣는다.

3　거품기로 잘 섞는다.

4　우유와 소금을 넣고 잘 섞는다.

5　샐러드유를 넣고 섞는다. ※버터 풍미를 내고 싶을 때는 샐러드유 대신 녹인 버터를 넣는다.

6　★의 재료로 머랭을 만든다. 달걀흰자를 담은 볼에 그래뉴당을 1/3작은술 정도 넣는다.

7　핸드믹서로 거품을 올린다.

8　핸드믹서의 날개가 볼 바닥과 직각이 되도록 잡고, 잠시 그 상태로 거품을 낸다.

9　이 정도로 묵직한 느낌이 되었으면 그래뉴당 절반을 넣는다.

10　다시 거품을 낸다.

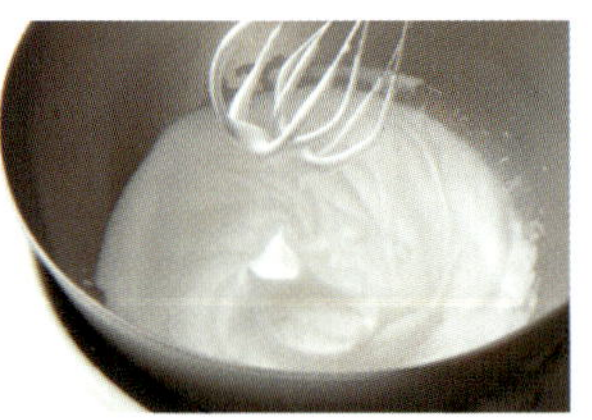

11　뿔이 생겼으면 남은 그래뉴당을 전부 넣고 다시 거품을 낸다.

12　단단하게 뿔이 섰으면 머랭 완성.

13 합쳐서 체에 쳐 둔 가루류를 5에 한 꺼번에 넣는다.

14 거품기 안으로 가루와 반죽을 통과 시키는 느낌으로 대충 섞는다.

15 날가루가 보이지 않고 전체가 균일 하게 되었으면 그만 섞는다.

16 머랭의 1/2를 넣는다.

17 고무주걱으로 머랭의 거품이 사라 지지 않도록 부드럽게 골고루 섞는다.

18 머랭의 하얀 선이 남을 정도로만 섞 는 것이 좋다. 나머지 머랭을 넣는다.

19 머랭이 사그라지지 않도록 부드럽 게 골고루 섞는다. 머랭의 하얀 선이 보이지 않게 되면 완성.

20 반죽 완성. 이 반죽은 줄줄 흘러내 리지 않는다. ※머랭이 볼록하게 살아있 는 것이 중요. 지나치게 섞지 않도록 주의 할 것.

21 프라이팬을 중불에서 달궈서 뜨거 워졌으면 불을 끄고 젖은 행주 위에 한 번 내려놓아 열을 조절한 후, 다시 가 스레인지에 올려놓는다.

22 기름을 살짝 두르고(이 반죽은 달라 붙기 쉽다) 불을 켜기 전에 지름 11cm 정도로 봉긋하게 두께감을 내면서 반 죽을 펼친다.

23 두껑을 덮고 약불에서 한 면을 3~4 분간 굽는다.

24 표면에 그다지 기포가 생기지 않는 다. 둘레가 약간 마른 것 같은 상태가 된다.

25 주걱이 반죽에 들러붙지 않을 정도 로 굽고, 바닥면이 노릇노릇해졌으면 뒤집는다.

26 알맞게 구워진 상태.

27 프라이팬의 뚜껑을 닫고 약불 상태 로 3~4분간 뒷면을 굽는다.

28 판이나 접시 위에 꺼내놓고 나머지 반죽도 같은 방법으로 굽는다.
※P.10의 Point ❶ 참조

Arrange 응용 팬케이크

기본 반죽에 몇 가지 재료를 조금 넣어보세요.
간단한 변화로 팬케이크 반죽 자체가 맛있어지는 레시피가 완성됩니다.

4 Cream cheese+jam
크림치즈+잼 팬케이크

플레인 반죽에 크림치즈와 잼을 얹어서 구웠습니다.

재료(12cm로 3장 분량) • A의 가루류는 합쳐서 체에 쳐둔다.

달걀	중간 크기 1개
그래뉴당	25g
우유	50g
소금	1/6작은술
샐러드유	1큰술
A 박력분	100g
A 베이킹파우더	1/2 작은술
A 베이킹소다	1/2 작은술
크림치즈	90g
라즈베리잼*	3큰술

* 라즈베리잼 대신 딸기잼을 넣어도 된다.

1 기본 반죽 Type1(P.7)과 같은 방법으로 팬케이크 반죽을 만든다.

2 프라이팬을 중불에서 달궈서 뜨거워졌을 때 불을 끄고, 젖은 행주 위에 한번 내려놓았다가 다시 가스레인지에 올려놓는다. 불을 켜기 전에 지름 12cm 정도로 반죽을 부었으면 크림치즈(1장 당 30g)와 잼(1장 당 1큰술)을 군데군데 얹는다. 그대로 뒤집으면 타버리므로 치즈와 잼 위에만 약간의 반죽을 올린다. 약불에서 약 2분 구운 후 뒤집는다. 뚜껑을 덮어 약불 그대로 2분간 뒷면을 굽는다.

5 Dried fruit+nuts
말린 무화과+견과류 팬케이크

굵직하게 다진 견과류와 무화과의 식감이 재미있는 팬케이크입니다.

재료(12cm로 4장 분량) • A의 가루류는 합쳐서 체에 쳐둔다.

달걀	중간 크기 1개
그래뉴당	15g
요구르트*	40g
물*	10g
우유	50g
소금	1/6작은술
샐러드유	1큰술
A 박력분	100g
A 베이킹파우더	1/2 작은술
A 베이킹소다	1/2 작은술
말린 무화과	70g
헤이즐넛*	40g

* 요구르트+물 → 마시는 요구르트 50g, 또는 액체 버터밀크 50g을 넣어도 된다.
* 헤이즐넛 → 아몬드나 호두를 넣어도 된다.

1 말린 무화과는 1cm 정도로 잘게 자른다. 헤이즐넛은 120도에서 30분 정도 구운 후 굵직하게 다진다.

2 기본 반죽 Type2(P.9)와 같은 방법으로 팬케이크 반죽을 만들고 마지막에 1을 넣어 섞는다.

3 프라이팬을 중불에서 달궈 뜨거워졌을 때 불을 끄고, 젖은 행주 위에 한번 내려놓았다가 다시 가스레인지에 올려놓는다. 불을 켜기 전에 지름 12cm 정도로 반죽을 붓고 약불에서 약 1분 30초간 구운 후 뒤집는다. 뚜껑을 덮어 약불 그대로 1~2분간 뒷면을 굽는다.

Azuki
단팥 팬케이크

입 안 가득 퍼지는 부드러운 달콤함을 느껴보세요.

재료(12cm로 4장 분량) • A의 가루류는 합쳐서 체에 쳐둔다.

달걀	중간 크기 1개		박력분	100g
그래뉴당	10g	A	베이킹파우더	1/2 작은술
요구르트	40g		베이킹소다	1/2 작은술
(물	10g)		단팥(캔)	100g
우유	50g			
소금	1/4작은술			
샐러드유	1큰술			

1 기본 반죽 Type2(P.9)와 같은 방법으로 팬케이크 반죽을 만들고 마지막에 단팥을 넣어 섞는다. ※단팥의 수분에 따라 반죽의 묽기가 달라지므로 물이나 우유의 양으로 조절한다.

2 프라이팬을 중불에서 달궈서 뜨거워졌을 때 불을 끄고, 젖은 행주 위에 한번 내려놓았다가 다시 가스레인지에 올려놓는다. 불을 켜기 전에 지름 12cm정도로 반죽을 붓고 약불에서 1분 30초 구운 후 뒤집는다. 뚜껑을 덮고 약불 그대로 1~2분간 뒷면을 굽는다.

Marshmallow+chocolate
마시멜로+초콜릿 팬케이크

마시멜로가 녹아있는 갓 구운 팬케이크 맛이 일품입니다.

재료(12cm로 3장 분량) • A의 가루류는 합쳐서 체에 쳐둔다.

달걀	중간 크기 1개		박력분	100g
그래뉴당	25g	A	베이킹파우더	1/2 작은술
우유	50g		베이킹소다	1/2 작은술
소금	1/6작은술		마시멜로(소)*	30g
샐러드유	1큰술		초코칩*	30g

* 마시멜로(소) → 큰 타입일 때는 잘라서 쓴다.

* 초코칩 → 판초콜릿을 부숴서 써도 된다.

1 기본 반죽 Type1(P.7)과 같은 방법으로 팬케이크 반죽을 만든다.

2 프라이팬을 중불에서 달궈서 뜨거워졌을 때 불을 끄고, 젖은 행주 위에 한번 내려놓았다가 다시 가스레인지에 올려놓는다. 불을 켜기 전에 지름 12cm 정도로 반죽을 붓고 마시멜로와 초코칩을 올려놓는다. 그대로 뒤집으면 타버리므로 마시멜로와 초코칩을 얹은 부분 위에만 반죽을 약간 올린다. 약불에서 2분 구운 후 뒤집는다. 뚜껑을 덮고 약불 그대로 1~2분간 뒷면을 굽는다.

Quiche
키슈풍 두꺼운 치즈 팬케이크

Lotus roots
구운 연근 팬케이크

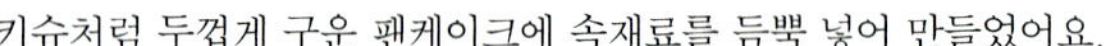

키슈처럼 두껍게 구운 팬케이크에 속재료를 듬뿍 넣어 만들었어요.

구워진 면에 보이는 연근 모양이 포인트예요. 작은 크기로 만들었어요.

재료(지름 15cm x 높이 5cm의 무스틀 1개 분량) • A의 가루류는 합쳐서 체에 쳐둔다.

달걀	중간 크기 1개	그뤼예르치즈*	40g
그래뉴당	10g	브로콜리	100g 정도
우유	60g	감자	1/2 개
소금	1작은술	양파	1/4 개
샐러드유	1큰술	비엔나소시지	3개
A 박력분	100g	버터	10g
A 베이킹파우더	1/2 작은술	소금, 후추	약간
A 베이킹소다	1/2 작은술		

* 그뤼예르치즈 → 피자치즈를 넣어도 된다.

재료(7cm로 12장 분량) • A의 가루류는 합쳐서 체에 쳐둔다.

달걀	중간 크기 1개	박력분	100g
그래뉴당	10g	A 베이킹파우더	1/2 작은술
요구르트	40g	A 베이킹소다	1/2 작은술
간장	2작은술	연근	12cm 정도
우유	50g	식초	약간
소금	1/2 작은술	버터	1큰술
샐러드유	1큰술	간장	2작은술

1 P.8 무스틀로 굽기를 참조하여 틀을 준비한다.

2 브로콜리는 작은 송이로 나눠서 소금을 넣은 물에서 살짝 데친다. 감자는 2cm 정사각형으로 잘라 물에서 무르지 않고 단단하게 익힌다. 양파는 굵게 데친다. 비엔나소시지는 폭 1cm로 자른다. 치즈는 잘게 다진다. 프라이팬에 버터를 넣고 양파를 투명해질 때까지 볶는다. 다른 재료도 넣어서 골고루 섞은 후, 소금과 후추로 간한다.

3 기본 반죽 Type1(P.7)과 같은 방법으로 팬케이크 반죽을 만든다. 마지막에 2를 넣고 섞은 후, 치즈를 섞는다.

4 P.8 무스틀로 굽기를 참조하여 같은 방법으로 굽는다.

1 연근의 껍질을 벗겨 1cm로 둥글게 썰어 식초를 탄 물에 담가둔다. 식초를 약간 넣은 뜨거운 물로 데치고 채반에 올려서 물기를 뺀다. 버터를 바른 프라이팬에서 타지 않게 양면을 굽고 마지막에 간장을 뿌려서 간을 맞춘다.

2 기본 반죽 Type2(P.9)와 같은 방법으로 팬케이크 반죽을 만든다(3번에서 물대신 간장을 넣는다).

3 프라이팬을 중불에서 달궈서 뜨거워지면 불을 끄고, 젖은 행주 위에 한번 내려놓았다가 다시 가스레인지에 올려놓는다. 불을 켜지 말고 6~7cm정도로(연근보다 약간 더 크게) 반죽을 붓고 불을 켜고 반죽 위에 연근을 올려놓는다. 약불에서 1~2분 구운 후 뒤집는다. 뚜껑을 덮고 약불 그대로 1~2분간 뒷면을 굽는다.

Olive+tuna

블랙올리브+참치 팬케이크

Corn

스위트콘 팬케이크

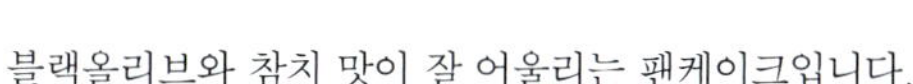

블랙올리브와 참치 맛이 잘 어울리는 팬케이크입니다.

알알이 들어있는 옥수수의 식감이 좋아요.

재료(12cm로 4장 분량) · A의 가루류는 합쳐서 체에 쳐둔다.

달걀	중간 크기 1개	A	박력분	100g
그래뉴당	10g		베이킹파우더	1/2 작은술
요구르트*	40g		베이킹소다	1/2 작은술
물*	10g		참치캔	80g짜리 1캔
우유	40g		블랙올리브	8알
소금	1/2작은술			

* 요구르트+물 → 마시는 요구르트 50g, 또는 액상 버터밀크 50g를 넣어도 된다.

재료(12cm 4장 분량) · A의 가루류는 합쳐서 체에 쳐둔다

달걀	중간 크기 1개	A	박력분	100g
그래뉴당	10g		베이킹파우더	1/2 작은술
요구르트*	40g		베이킹소다	1/2 작은술
물*	10g		스위트콘 캔	100g 정도
우유	40g			
옥수수 수프(시판)*				
	1포(약15g)			
샐러드유	1큰술			

* 요구르트+물 → 마시는 요구르트 50g, 또는 액상 버터밀크 50g를 넣어도 된다.

* 옥수수 스프 → 소금 1/2작은술로 넣어도 된다.

---

1 블랙올리브는 5mm(1알을 4조각 정도)로 슬라이스 한다.

2 기본 반죽 Type2(P.9)와 같은 방법으로 팬케이크 반죽을 만들고(5번에서 샐러드유를 넣지 않는다), 마지막에 참치캔의 참치와 기름도 같이 넣고 섞는다.
※기름이 많을 때는 1큰술 정도로 조절한다. 참치캔의 수분으로 반죽이 부드러워지므로 우유의 양을 줄였다. 반죽이 뻑뻑할 때는 우유를 더 넣어서 조절할 것.

3 프라이팬을 중불에서 달궈서 뜨거워지면 불을 끄고, 젖은 행주 위에 한번 내려놓았다가 다시 가스레인지에 올려놓는다. 불을 켜지 말고 지름 12cm 정도로 반죽을 붓고 1의 올리브를 뿌린다(1장 당 2알 분량). 약불에서 1~2분간 구운 후 뒤집는다. 뚜껑을 덮고 약불 그대로 1~2분간 뒷면을 굽는다.

---

1 기본 반죽 Type2(P.9)와 같은 방법으로 팬케이크 반죽을 만들고(4번에서 소금 대신 옥수수 수프를 넣는다) 마지막에 스위트콘을 넣는다.
※스위트콘 캔에 들어있는 수분으로 반죽이 부드러워지므로 우유의 양을 줄였다. 반죽이 뻑뻑할 때는 우유를 더 넣어서 조절할 것.

2 프라이팬을 중불에서 달궈서 뜨거워졌을 때 불을 끄고, 젖은 행주 위에 한번 내려놓았다가 다시 가스레인지에 올려놓는다. 불을 켜기 전에 지름 12cm 정도로 반죽을 붓고 약불에서 약 1~2분간 구운 후 뒤집는다. 뚜껑을 덮고 약불 그대로 1~2분간 뒷면을 굽는다.

메이플 시럽 만들기

갓 구운 팬케이크에 빠질 수 없는 것이 메이플 시럽이지요.
병에 들어있는 것은 개봉하면 보관기간이 짧으니까 필요한 만큼만 직접 만들어 먹어요.

재료(만들기 쉬운 분량)

메이플 슈거	100g
물	50g

※ 수수설탕이나 삼온당, 흑설탕, 브라운슈거와 같은 갈색 설탕을 사용하면 색은 비슷하게 만들 수 있지만 맛과 풍미는 각각 사용하는 설탕에 따라 달라집니다.

1 작은 냄비에 메이플 슈거를 넣는다.

2 물을 넣고 섞어서 녹인다.

3 잠시 불에 올려놓아서 메이플 슈거를 완전히 녹인다.

4 끓기 시작하면 바로 불을 끈다. 절대로 바짝 줄이지 않는다. 줄이면 식었을 때 젤리 상태가 되므로 주의할 것.

5 거름망으로 거른다. 냉장고에서 보관한다.

여러 가지 메이플 시럽

시판되는 메이플 시럽을 소개합니다.

야마스카 퓨어 메이플 시럽

캐나다 퀘백의 기업 라 클레르사의 제품. 첨가물은 일체 사용하지 않았으며 비타민, 철분, 칼슘도 풍부.

H.T.에미코트 메이플 시럽

캐나다에서는 수액이 채취된 시간에 따라 메이플 시럽의 등급을 규정하고 있는데 에미코트사의 메이플 시럽은 NO.1 엑스트라 라이트에 상응하는 특급클래스. 왼쪽 NO.1 엑스트라 라이트 오른쪽 NO.2 앰버

알레가니 유기농 메이플 시럽

캐나다에서 유기 재배된 사탕단풍나무에서 채취한 수액을 졸여서 만든 메이플 시럽. 유기JAS인증식품.

무소 오가닉 메이플 시럽

유기 재배된 캐나다의 사탕단풍나무에서 채취한 수액을 졸인, 순하고 부드러운 단맛의 시럽. 유기 JAS인증식품.

시타텔 메이플 시럽2

사탕단풍 수액만으로 만들어진 첨가물과 착색제를 일체 사용하지 않은 100% 천연 메이플 시럽. 자연스러운 향과 부드러운 풍미를 느낄 수 있다.

H.T.에미코트 메이플 스프레드

메이플 시럽을 페이스트 상태로 만든 [H.T.에미코트]사의 메이플 스프레드. 갓 구운 팬케이크에 곁들여서 먹기 좋다.

Q 알맞게 구워진 색을 구별하는 방법이 있나요?

A 가스레인지마다 불의 크기나 화력이 다릅니다. 우선은 몇 장쯤 구우며 '기포가 생기기 시작할 때에 노릇노릇 알맞은 색의 불의 세기'를 찾으세요. 불이 너무 강하면 기포가 생길 때쯤엔 이미 바닥이 타버리고, 너무 약하면 기포가 생겨도 바닥면이 노릇노릇해지지 않습니다. 기포가 많이 터지고 나서 뒤집으면 색이 너무 강해지고, 뒤집은 후에 부풀지 않습니다.

기포가 몇 개 터질 때까지 구워진 가장 좋은 상태

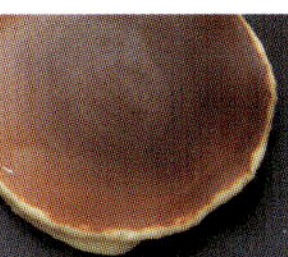

기포가 전체적으로 생길 때까지 구워진 지나치게 구운 상태.

Q 보관 방법을 알려주세요.

A 건조를 막는 것이 중요합니다. 먼저 구워진 것부터 1장씩 쌓고 물에 적셨다가 꽉 짠 행주로 덮어둡니다. 랩을 씌우면 물방울이 생겨 좋지 않습니다. 팬케이크는 갓 구운 것이 가장 맛있지만 하루이틀 정도는 랩에 싸서 냉장 보관할 수 있습니다. 두꺼운 봉지에 넣은 후, 냉동실에서 2주까지는 보관할 수 있습니다. 해동할 때는 상온에서 자연 해동하고 분무기로 물을 뿌려 양쪽 면을 가볍게 적신 후, 500W의 전자레인지에 30초~1분 데웁니다. 냉장 보관 팬케이크도 같은 방법으로 데우세요. 지나치게 데우면 딱딱해질 수 있으므로 주의. 보관했던 팬케이크는 데워서 그냥 먹어도 괜찮지만 남은 팬케이크는 과자로 만들 수 있습니다.

Q 버터밀크를 사용하면 좋다고 했는데 방법을 알려주세요.

A 유럽과 미국의 팬케이크에는 버터밀크가 들어갑니다. 버터밀크를 넣으면 감칠맛과 단맛이 증가하여 맛이 깊어지고, 유산균이 베이킹소다와 반응해서 잘 부푼 팬케이크를 만들 수 있습니다. 하지만 구하기가 쉽지 않아서 이 책에서는 이 액체 상태 버터밀크 넣는 분량을 요구르트와 물을 섞어서 대신했습니다. Type2의 요구르트와 물을 버터밀크액a 100g 또는 마시는 요구르트b 100g으로 대체해서 만들어도 괜찮습니다. 또 버터밀크를 건조시켜 만든 버터밀크파우더c라는 상품도 있습니다.

박력분의 10% 정도를 섞으면 맛이 한층 좋아집니다. 요구르트를 넣지 않는 레시피의 경우, 어느 레시피든 가루의 10%(기본 레시피는 20g) 정도 넣으면 감칠맛과 밀키한 단맛이 업그레이드됩니다. 쿠키나 머핀 같은 과자를 만들 때 넣어도 맛있으므로 구입할 기회가 있으면 꼭 시도해보세요. 제과재료점에서 판매하고 있습니다.

Q 구워진 면에 호랑이무늬 같은 얼룩이 생겼어요.

A 프라이팬에 두른 기름이 남아 있으면 구워진 면에 얼룩이 생깁니다. 일부러 이런 느낌의 얼룩을 내는 경우도 있으므로 (P.22 팬케이크 버거) 이런 느낌을 내고 싶을 때는 프라이팬에 기름을 두르고 팬케이크를 구워주세요. 얼룩 없이 균일하게 만들고 싶을 때는 불소수지가공된 프라이팬에 기름을 두르지 않고 굽습니다.

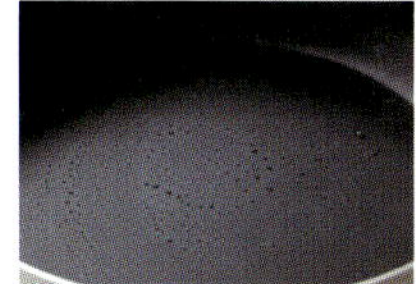

Q 베이킹소다와 베이킹파우더, 둘 다 써야만 하나요?

A 베이킹소다는 탄산수소나트륨이라고 하는 단일 팽창제입니다. 쓴맛이나 독특한 향이 느껴지는 단점이 있어 베이킹소다를 주성분으로 구연산, 제일인산칼슘, 옥수수전분 등 전분과 한 종류 이상의 산염 또는 산생성물질을 혼합해 만든 것이 베이킹파우더입니다. 기본 반죽 1,2는 베이킹파우더와 베이킹소다 각각의 단점을 보충하고 장점이 드러나도록 반반씩 배합해 사용하는 것이 제일 좋습니다. 완성된 상태가 달라지지만 베이킹소다를 베이킹파우더로 바꾸는 것은 가능합니다. 하지만 베이킹소다만 넣는 것은 피해주세요. 응용작품에는 베이킹파우더만 사용하는 레시피도 있습니다. 베이킹파우더는 수분과 섞인 후에 장시간 방치하면 구웠을 때 잘 부풀지 않습니다. 만든 반죽은 바로 구우세요.

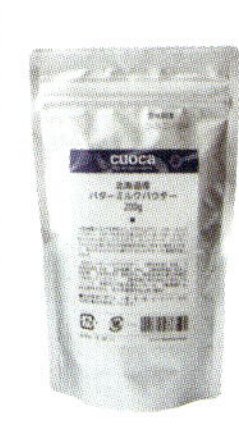

한 끼 식사로 충분한 팬케이크

약간 배가 고플 때 먹기 좋은 팬케이크입니다.
버거나 샌드위치는 속재료를 만들어야 하지만
그만큼 만족도가 높답니다.
가벼운 브런치 메뉴와 갈레트 등도 소개합니다.

모닝 팬케이크 

미리 냉동 보관해둔 팬케이크는 바쁜 아침에 유용한 아이템이지요.
좋아하는 샐러드를 곁들여서 드세요.

재료(2접시 분량. 12cm로 4장 분량)

달걀	중간 크기 1개
그래뉴당	10g
사워크림*	45g
우유	60g
소금	1/6 작은술
샐러드유	1큰술

A
박력분	100g
베이킹파우더	1/2 작은술
베이킹소다	1/2 작은술

〈포치드 에그〉

달걀	중간 크기 2개
소금	1작은술
식초	1큰술

〈그외〉

베이컨	6장
소금, 후추	적당량
좋아하는 샐러드와 드레싱	적당량

＊ 사워크림 → 없을 때는 기본 반죽 Type2의
　팬케이크로 만들어도 된다.

준비해둘 것

• A의 가루류를 합쳐서 체에 쳐둔다.

1　볼에 달걀을 넣어 거품기로 풀고 그래뉴당을 넣는다. 그래뉴당이 녹을 정도까지 가볍게 거품을 낸다.

2　사워크림을 넣는다.

3　우유와 소금을 넣고 잘 섞는다. 이어서 샐러드유를 넣고 섞는다.

4　합쳐서 체에 쳐 둔 가루류를 한꺼번에 넣는다. 거품기 안으로 가루를 통과시키는 느낌으로 대충 섞는다. 날가루가 보이지 않고 매끄러운 상태가 될 때까지 섞는다.

5　프라이팬을 중불에서 달궈서 뜨거워졌을 때 불을 끄고, 젖은 행주 위에 한번 내려놓았다가 나시 가스레인지에 올려놓는다. 물을 켜기 전에 지름 12cm 정도로 반죽을 붓고 약불에서 2분간 구운 후 뒤집는다. 뚜껑을 덮고 약불 그대로 2분간 뒷면을 굽는다.

6　베이컨은 약간 탄 듯이 바삭하게 양면을 굽는다.

7　포치드 에그를 만든다. 냄비에 뜨거운 물(분량 외)을 끓여 식초와 소금을 넣는다. 펄펄 끓지 않을 정도로 불조절을 하고 냄비의 뜨거운 물을 젓가락으로 저어서 소용돌이를 만든다(a). 가운데에 달걀을 살짝 떨어뜨리면 달걀이 퍼지지 않는다(b). 용기에 깨뜨려서 넣으면 형태가 흐트러지지 않는다. 불세기를 그대로 두고 2분 정도 삶는다.(c). 구멍국자로 건진다(d).

8　접시에 2장의 팬케이크를 겹쳐서 보기 좋게 놓은 후, 포치드 에그를 올린다. 소금과 후추를 뿌린다. 샐러드와 베이컨을 곁들인다.

재료(10cm 6장, 햄버거 3개 분량)

달걀	중간 크기 1개
그래뉴당	10g
요구르트	40g
물	10g
우유	50g
소금	1/4 작은술
샐러드유	1큰술
A 전립분	50g
박력분	50g
베이킹파우더	1/2 작은술
베이킹소다	1/2 작은술
흰깨	2큰술

〈속재료〉

양상추	1~2장
토마토	1/2 개
양파	1/4 개
슬라이스치즈	3장

〈패티〉

저민 소고기	180g
소금	2g
후추	약간
★ 양파	1/4 작은것
빵가루	20g
우유	30g

《소스》

우스타소스	1큰술
토마토케첩	2큰술

준비해둘 것　　• A의 가루류는 합쳐서 체에 쳐둔다.

1　토마토는 3장으로, 양파는 얇게 슬라이스 한다. 양파는 가능한 얇게 잘라 물에 헹군다.

2　★의 재료로 패티를 만든다. 빵가루를 우유에 담가둔다. 양파를 다진다. 볼에 저민 고기를 넣고, 소금과 후추를 뿌려서 가볍게 섞은 후에 양파와 빵가루를 넣는다. 가볍게 섞어서 이것을 3등분하고 각각 지름 9cm 크기로 얇게 형태를 정돈한다. 프라이팬에 기름(분량 외)을 두르고 양면을 굽는다.

3　패티를 꺼내고 같은 프라이팬에 우스터소스와 토마토소스를 넣고 섞어서 소스를 만든다.

4　양상추는 씻어서 물기를 잘 뺀다. 양파의 물기도 없앤다.

5　기본 반죽 Type2(P.9)와 같은 방법으로 팬케이크 반죽을 만들고(박력분의 반이 전립분) 마지막에 깨를 넣어 섞는다.

6　무늬가 생기도록 프라이팬에 두른 기름을 약간 남기고(P.17 참조) 처음에만 강한 불로 그후에는 기본 반죽과 같은 방법으로 팬케이크를 6장 굽는다. 속재료와 소스를 끼운다.

13 팬케이크 버거

독특한 무늬가 생기도록 얼룩을 내서 구웠어요. 밀가루의 반은 전립분을 썼습니다.

재료(13×18cm 달걀말이팬으로 4장 분량)

달걀	중간 크기 2개
그래뉴당	20g
요구르트*	80g
물*	20g
우유	100g
소금	1/2 작은술
샐러드유	2큰술
A 박력분	200g
시금치파우더	5g
베이킹파우더	1작은술
베이킹소다	1작은술

〔샌드위치A〕※아래 재료는 각 1세트 분량

버터	적당량
잔주름상추	1장
새우(데친 것)	8마리

〈감자샐러드〉

감자	1개
당근	2cm
양파	1/8 개
오이	1/3 개
소금, 후추, 마요네즈	적당량

〔샌드위치B〕※아래 재료는 각 1세트 분량

버터, 마요네즈	적당량
슬라이스 치즈	2장
토마토	작은 것 1개
삶은 달걀	1개

* 요구르트+물 → 마시는 요구르트 100g, 또는 액상
버터밀크 100g을 넣어도 된다.

준비해둘 것　•A의 가루류는 합쳐서 체에 쳐둔다.

1 감자 샐러드를 만든다. 감자를 작게 자른다. 당근은 얇게
썰고 양파와 오이는 얇게 슬라이스 하여 소금을 약간 바른다.
감자와 당근은 소금물에 데치고 부드러워졌으면 으깨어 섞는
다. 양파와 오이는 물기를 짜서 섞는다. 소금, 후추, 마요네즈
로 간한다.

2 삶은 달걀, 토마토는 5~6mm두께로 슬라이스 한다.

3 기본 반죽 Type2(P.9)와 같은 방법으로 팬케이크 반죽을
만든다(박력분에 시금치파우더를 넣는다).

4 사각프라이팬에서 P.8 참조하여 반죽을 4번으로 나눠서
굽는다.

5 부드럽게 만든 버터를 구운 팬케이크의 한 면에 바르고, 2
장을 1세트로 하여 취향에 따라 속재료를 끼운다. 마요네즈를
재료 사이에 바르면 잘 붙는다.

6 꽉 짠 젖은 행주를 덮은 후, 그 위에 도마 같은 평평한 것
을 올리고 가볍게 눌러 안정시킨다(10분 정도). 반죽과 속재료
가 잘 고정되었으면 4등분하여 자른다.

팬케이크 샌드위치 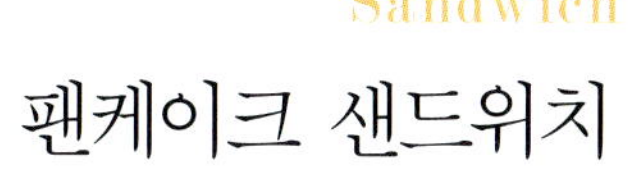14

시금치 파우더를 섞은 반죽으로 만든 샌드위치. 두 가지 속재료를 넣어 응용했습니다.

단호박 팬케이크 

소테한 단호박을 반죽에 올려서 구웠습니다. 크림은 P.61의 허브페이스트와도 잘 어울려요.

재료(11cm 6장 분량)

달걀	중간 크기 1개
그래뉴당	10g
요구르트*	40g
물*	10g
우유	50g
소금	1/3 작은술
샐러드유	1큰술
A 박력분	100g
베이킹파우더	1/2 작은술
베이킹소다	1/2 작은술
〈딥〉	
사워크림	50g
소금	1/6 작은술
생크림	100g
〈데커레이션〉	
취향에 따른 신선한 허브	적당량
단호박 씨(장식용)	약간

＊ 요구르트+물 → 마시는 요구르트 100g, 또는
　액상 버터밀크 100g를 넣어도 된다.

준비해둘 것

• A의 가루류를 합쳐서 체에 쳐둔다.

＊ 소테 – 아주 센 불에서 소량의 기름으로 빠르
　게 조리하는 것.

1　단호박은 껍질을 벗기지 말고 두께 3mm 정도, 길이 10cm로 얇게 슬라이스 하여 12개 준비한다. 나머지는 껍질을 벗겨서 2cm 정사각형으로 잘라둔다(a). 2cm 정사각형으로 자른 단호박은 전자레인지 500w에서 4분 가열한 후에 부드럽게 으깬다. 슬라이스한 단호박은 500w에서 3분 가열한 후에 버터를 넣고 양면을 ＊소테한다(b).

2　팬케이크 반죽을 만든다. 볼에 달걀을 넣어 거품기로 풀고 그래뉴당을 넣는다. 그래뉴당이 녹을 정도까지 가볍게 거품을 낸다.

3　요구르트와 물을 넣는다.

4　우유와 소금을 넣고 잘 섞는다. 이어서 샐러드유를 넣고 섞는다.

5　합쳐서 체에 쳐 둔 가루류를 한꺼번에 넣는다. 거품기 안으로 가루를 통과시키는 느낌으로 대충 섞는다. 날가루가 보이지 않고 매끄러운 상태가 될 때까지 섞는다. 마지막에 으깬 단호박을 넣고 섞는다.

6　프라이팬을 중불에서 달궈서 뜨거워졌을 때 불을 끄고, 젖은 행주 위에 한번 내려놓았다가 다시 가스레인지에 올려놓는다. 불을 켜지 말고 지름 11cm 정도로 반죽을 붓고 불을 약한 중불로 켠다. 반죽 표면 전체에 보글보글 기포가 생기면 소테한 단호박을 2개 올리고 뒤집어서 굽는다.

7　사워크림, 소금과 생크림을 넣어 거품을 내고 잘게 다진 허브를 넣고 섞어서 딥을 만든다.

8　접시에 팬케이크를 올리고 7의 딥을 곁들인다. 악센트로 단호박 씨를 곁들인다.

재료(지름 26cm인 프라이팬으로 6장 분량)

메밀가루·······························100g
소금································1/3 작은술
달걀····························중간 크기 1개
물·····································140g
시드르(쌉쌀한 맛)＊························50g
우유·····································50g
버터·····································20g
〈속재료〉
피자치즈·················120g(1개분량 20g)
달걀························6개(1개분량 1개)
로스햄······················12장(1개분량 2장)
굵은 후추································약간

＊ 시드르(쌉쌀한 맛) → 없을 때는 물을 넣어도 된다.

준비해둘 것
• 버터는 내열용기에 넣고 500W 전자레인지에서 20초간 돌려
　녹여 둔다.
• 햄은 1장을 1/2로 잘라둔다. 갈레트 1개 당 햄 2장 사용.

1 메밀가루를 체에 쳐서 볼에 넣고 소금을 넣는다. 가루의 가운데를 파고 달걀을 깨어 넣고 물을 조금씩 더하면서 거품기로 섞어나간다. 시드르와 우유를 넣고 섞은 후에 마지막으로 녹인 버터를 넣어 섞는다.

2 그대로 랩에 싸서 3시간 정도를 숙성시킨다(최저 1시간 휴지시키지 않으면 반죽이 갈라지기 쉬우므로 주의. 하룻밤 숙성시켜도 된다. 실온이 높을 경우에는 냉장고에서 숙성시킬 것)

3 프라이팬을 달군 후에 약한 중불로 조절하고 버터(분량외)를 넣었다가 녹으면 닦아낸다. 반죽을 붓고 프라이팬을 돌리면서 얇게 편다. 둘레가 약간 벗겨지기 시작하면 약불로 줄이고 치즈(1개당 20g) 반량을 전체에 뿌린다.

4 자른 햄을 4장 올렸으면 가운데에 달걀을 깨어 넣고 나머지 치즈를 뿌린다. 네 방향에서 중심을 향해 가장자리 쪽만을 접어 올린다.

5 약불 그대로 뚜껑을 덮은 후, 달걀의 표면이 하얗게 굳으면 완성. 접시에 올리고 굵은 후추를 뿌린다.

16　*Garrett*　# 갈레트 컴플레트

프랑스 브르타뉴 지방의 메밀가루로 만든 얇은 팬케이크를 갈레트라고 합니다. 컴플레트는 달걀, 치즈, 햄을 넣은 일반적인 요리입니다.

재료(지름 26cm인 프라이팬으로 6장 분량)

메밀가루	100g
소금	1/3 작은술
달걀	중간 크기 1개
물	140g
시드르(쌉쌀한 맛)*	50g
우유	50g
버터	20g

〈속재료〉

피자치즈	120g(1개 분량 : 20g)
햄	12장(1개 분량 : 2장)
루콜라, 어린잎 채소, 방울토마토	적당량

* 시드르 → 없을 때는 물을 넣어도 된다.

준비해둘 것

• 버터는 내열용기에 넣고 500W 전자레인지에서 20초간 돌려 녹여 둔다.
• 햄은 1장을 1/2로 잘라둔다. 갈레트 1개 당 햄 2장 사용.

1 메밀가루를 체에 쳐서 볼에 넣고 소금을 넣는다. 가루의 가운데를 파고 달걀을 깨어 넣고 물을 조금씩 더하면서 거품기로 섞어나간다. 시드르와 우유를 넣고 섞은 후에 마지막으로 녹인 버터를 넣어 섞는다.

2 그대로 랩에 싸서 3시간 정도 숙성시킨다(최저 1시간 휴지시키지 않으면 반죽이 갈라지기 쉬우므로 주의. 하룻밤 숙성시켜도 된다. 실온이 높을 경우에는 냉장고에서 숙성시킬 것)

3 프라이팬을 달군 후에 약한 중불로 조절하고 버터(분량외)를 넣었다가 녹으면 닦아낸다. 반죽을 붓고 프라이팬을 돌리면서 얇게 편다. 둘레가 약간 벗겨지기 시작하면 약불로 줄이고 치즈(1개당 20g)반량을 전체에 뿌린다.

4 자른 햄을 올렸으면 네 방향에서 중심을 향해 가장자리 쪽만을 접어 올린다.

5 약불 그대로 뚜껑을 덮은 후, 치즈가 녹으면 완성. 접시에 올리고 채소류를 보기 좋게 장식한다.

햄과 샐러드를 곁들인 갈레트 *Garrett* 

기본 갈레트에 샐러드를 곁들였어요. 식사 또는 와인을 마실 때 안주로도 즐길 수 있어요.

화이트소스를 곁들인 양파 팬케이크  18

반죽에 볶은 양파를 넣었습니다. 시판 화이트소스를 이용하세요.

재료(3접시 분량. 11cm으로 9장 분량)

달걀	중간 크기 2개
그래뉴당	20g
우유	120g
소금	1/4 작은술
샐러드유	2큰술
A 박력분	200g
베이킹파우더	2작은술
양파	1/2 개
버터	10g
소금.후추	약간

〈화이트소스〉

연어 토막	2개
소금, 후추	약간
버터	적당량
만가닥버섯	1팩
샐러드유	2작은술
화이트소스 (시판)	1캔(290g)
그뤼예르치즈*	30g
우유	200g정도
화이트와인	2큰술
딜(허브)	적당량

* 그뤼예르치즈 → 피자치즈도 된다.

준비해둘 것
• A의 가루류를 합쳐서 체에 쳐둔다.

1 연어토막에 소금과 후추를 뿌려서 2cm로 자르고 버터로 소테한다. 만가닥버섯은 샐러드유로 가볍게 볶아서 익힌다.

2 시판 화이트소스(a)를 냄비에 넣고 치즈(b), 우유와 화이트와인을 부어 섞은 다음 불을 켠다. 원하는 농도(사용하는 화이트소스에 따라 묽기가 다르므로 수분은 원하는 대로 조절한다. 깔끔하게 먹고 싶은 경우에는 우유의 반 정도를 물로 넣고 화이트와인이 없을 때는 우유를 약간 늘린다)의 소스를 만들어 1의 연어와 만가닥버섯을 섞는다.

3 양파를 1cm 정사각형으로 자르고 버터로 투명해질 때까지 볶는다. 소금과 후추로 간을 맞춘다.

4 팬케이크 반죽을 만든다. 볼에 달걀을 넣고 거품기로 풀고 그래뉴당을 넣는다. 그래뉴당이 녹을 정도까지 가볍게 거품을 낸다.

5 우유와 소금을 넣어 섞은 후에 샐러드유를 넣고 섞는다.

6 합쳐서 체에 쳐 둔 가루류를 한꺼번에 넣는다. 거품기 안으로 가루를 통과시키는 느낌으로 대충 섞는다. 마지막에 3을 넣고 섞는다.

7 프라이팬을 중불에서 예열하고, 뜨거워졌으면 불을 끄고 한번 젖은 행주 위에 올려놓고, 다시 가스레인지에 올린다. 불을 켜기 전에 지름 11cm로 반죽을 붓고 가스레인지 약한 중불로 굽는다. 반죽 표면 전체에 보글보글 기포가 생기면 뒤집는다.

8 접시에 보기 좋게 올리고 2의 소스를 듬뿍 뿌린다. 딜과 같은 허브를 곁들인다.

간식으로 딱 좋은 팬케이크

달콤달콤 폭신폭신, 갓 구운 좋은 냄새.
그것만으로 행복한 기분을 만들어주는 것이 간식 팬케이크.
디저트의 주인공이 되는 최고의 레시피입니다.

과일콤포트를 곁들인 오렌지 팬케이크

반죽에 잘게 자른 오렌지필을 넣었습니다. 소스를 곁들여서 디저트로 드세요.

재료(4접시 분량. 11cm 8장 분량)

달걀	중간 크기 2개
그래뉴당	50g
우유	120g
소금	1/4 작은술
샐러드유	2큰술
A · 박력분	200g
A · 베이킹파우더	1작은술
A · 베이킹소다	1작은술
오렌지필*	50g

〈과일 콤포트〉

오렌지	1개
서양배*	2개
★ 화이트와인	100ml
★ 그래뉴당	100g
★ 물	300g
★ 바닐라빈(스틱)	6~7cm
★ 시나몬스틱	2개
★ 스타아니스(팔각형)	2개
★ 레몬껍질. 즙	1개분

〈휘핑크림〉

생크림	120g
그래뉴당	10g

〈데커레이션〉

슈거파우더	적당량

＊ 오렌지필 → 오렌지마멀레이드잼을 넣어도 된다.
＊ 서양배 → 생과가 없으면 서양배캔(a)를 이용해도 된다.

준비해둘 것
• A의 가루류를 합쳐서 체에 쳐둔다.

1 과일콤포트를 만든다. 오렌지는 슬라이스하여 끓는 물에서 잠깐 데친다. 레몬껍질은 노랑부분만 벗겨내고 즙은 짜둔다.

2 작은 냄비에 ★의 재료를 넣어 끓이고(b) 껍질을 벗겨 반으로 자른 서양배와 1의 오렌지 슬라이스를 넣는다. 다시 한 번 펄펄 끓었으면 (c) 펄펄 끓지 않을 정도의 약불로 줄여 2분간 끓인다. 서양배가 단단할 경우에는 먼저 서양배만 넣고 약간 끓여서 부드러워 질쯤에 오렌지를 넣어 2분 정도 더 끓이면 된다. 불을 끄고 그대로 식힌다.

3 팬케이크 반죽을 만든다. 볼에 달걀을 넣어 거품기로 풀고 그래뉴당을 넣는다. 그래뉴당이 녹을 정도가지 가볍게 거품을 낸다.

4 우유와 소금을 넣고 섞은 후에 샐러드유를 넣어 섞는다.

5 합쳐서 체에 쳐 둔 가루류를 한꺼번에 넣는다. 거품기 속으로 가루를 통과시키는 느낌으로 대충 섞는다. 날가루가 보이지 않을 때까지 섞는다. 마지막으로 다진 오렌지필을 넣어 섞는다.

6 프라이팬을 중불에서 달궈서 뜨거워졌을 때 불을 끄고, 젖은 행주 위에 한번 내려놓았다가 다시 가스레인지에 올려놓는다. 불을 켜기 전에 지름 11cm 정도로 반죽을 붓고 가스레인지 약한 중불로 굽는다. 반죽 표면 전체에 보글보글 기포가 생기면 뒤집는다.

7 접시에 보기 좋게 담고 2의 콤포트, 90%로 거품을 올린 휘핑크림(P.37)을 곁들이고 슈거파우더를 뿌린다.

마론 팬케이크  20

마론크림과 럼주의 맛을 살린 팬케이크. 크림을 사이사이 끼우며 쌓아 올립니다.

재료(3접시 분량. 8cm 15장 분량)

달걀	중간 크기 2개
그래뉴당	20g
마론크림	80g
럼주	1큰술
우유	120g
소금	1/3 작은술
샐러드유	2큰술
A │ 박력분	200g
│ 베이킹파우더	1작은술
│ 베이킹소다	1작은술

〈마론 휘핑크림〉

생크림	150g
마론크림	50g
럼주	1작은술

〈데커레이션〉

초콜릿	적당량
속껍질 안 벗긴 밤	적당량
슈거파우더	적당량

준비해둘 것
• A의 가루류를 합쳐서 체에 쳐둔다.

1 팬케이크 반죽을 만든다. 볼에 달걀을 넣어 거품기로 풀고 그래뉴당을 넣는다.
그래뉴당이 녹을 정도까지 가볍게 거품을 낸다.

2 마론크림과 럼주를 넣는다.

3 우유와 소금을 넣어 섞고 샐러드유를 넣고 섞는다.

4 합쳐서 체에 쳐 둔 가루류를 한꺼번에 넣는다. 거품기 안으로 가루를 통과시키는 느낌으로 대충 섞는다. 날가루가 보이지 않고 매끄러운 상태가 될 때까지 섞는다.

5 프라이팬을 중불에서 예열하고, 뜨거워졌으면 불을 끄고 한번 젖은 행주 위에 올려놓고, 다시 가스레인지에 올린다. 불을 켜기 전에 지름 8cm로 반죽을 붓고 가스레인지에 약한 중불로 굽는다. 반죽 표면 전체에 보글보글 기포가 생기면 뒤집는다.

6 마론휘핑크림을 만든다. 생크림, 마론크림(a), 럼주를 볼에 넣고 볼의 밑바닥을 얼음물에 댄 채 80%까지(P.37참조) 거품을 올린다.

7 구운 팬케이크를 쌓아 올린다. 팬케이크의 사이사이에 6의 크림을 샌드하여(1cm 원형모양 깍지를 끼워서 짜거나, 아이스크림 스쿱으로 크림을 올린다) 한 접시당 5단으로 쌓는다.

8 맨 윗단에는 크림을 짜거나 올리고 속껍질을 벗기지 않은 밤(b), 초콜릿(c), 슈거파우더를 뿌려서 장식한다.

a

b

c

데커레이션 팬케이크 

버터밀크파우더를 넣어 감칠맛이 도는 본격적인 팬케이크. 과일을 함께 담아 화려하게 완성했습니다.

재료(3접시 분량. 9cm 15장 분량)

달걀	중간 크기 2개
그래뉴당	30g
요구르트	80g
물	20g
우유	100g
소금	1/2 작은술
샐러드유	2큰술

A
- 박력분 ······ 200g
- 버터밀크파우더* ······ 20g
- 베이킹파우더 ······ 1작은술
- 베이킹소다 ······ 1작은술

〈휘핑크림〉

생크림	150g
그래뉴당	12g

〈그외〉

메이플시럽	적당량
좋아하는 과일	적당량
슈거파우더	적당량
민트잎	적당량

* 버터밀크파우더 → 없을 때는 기본 반죽 Type2의
팬케이크로 만들어도 된다.

준비해둘 것
• A의 가루류를 합쳐서 체에 쳐둔다.

1 팬케이크 반죽을 만든다. 볼에 달걀을 넣어 거품기로 풀고 그래뉴당을 넣는다. 그래뉴당이 녹을 정도까지 가볍게 거품을 낸다.

2 요구르트와 물을 넣는다.

3 우유와 소금을 넣고 잘 섞는다. 이어서 샐러드유를 넣고 섞는다.

4 합쳐서 체에 쳐 둔 가루류를 한꺼번에 넣는다. 거품기 안으로 가루를 통과시키는 느낌으로 대충 섞는다. 날가루가 보이지 않고 매끄러운 상태가 될 때까지 섞는다.

5 프라이팬을 중불에서 예열하고, 뜨거워졌으면 불을 끄고 한번 젖은 행주 위에 올려놓고, 다시 가스레인지에 올린다. 불을 켜기 전에 지름 9cm로 반죽을 붓고 가스레인지 약한 중불로 굽는다. 반죽 표면 전체에 보글보글 기포가 생기면 뒤집는다.

6 좋아하는 과일을 자른다.

7 휘핑크림을 만든다. 생크림과 그래뉴당을 볼에 넣고 볼 바닥을 얼음물에 대고 거품기로 거품을 낸다. 숟가락으로 건졌을 때 뿔의 끝이 약간 구부러질 정도가 80%로 거품이 오른 것(a). 윤기가 있고 뿔이 서면 90%(b). 80~90%로 거품을 올렸으면 별모양깍지를 끼운 짤주머니에 넣고 접시에 담은 팬케이크 위에 산 모양이 되도록 짠다.

8 메이플 시럽을 뿌리고, 좋아하는 과일과 슈거파우더, 민트잎으로 장식한다.

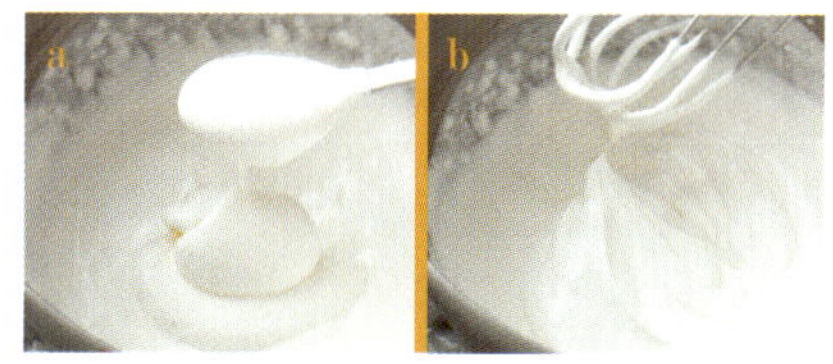

재료(6접시 분량. 11cm 정사각 6개 분량)

달걀		중간 크기 1개
그래뉴당		25g
우유		60g
소금		1/6 작은술
샐러드유		1큰술
A	박력분	80g
	코코넛밀크파우더	30g
	베이킹파우더	1작은술

〈과일소스〉

파인애플(캔)	3개
망고	1개
키위	1개
꿀	5큰술

〈곁들일 것〉

바닐라아이스크림	적당량
슈거파우더	적당량
민트잎	적당량

1 과일소스를 만든다. 과일은 각각 1cm 정사각형으로 자른 후에 벌꿀을 섞어서 30분 정도 그대로 둔다. 과일에서 수분이 나오면 소스 완성.

2 기본 반죽 Type1(P.7)과 같은 방법으로 팬케이크 반죽을 만든다 (박력분의 일부를 코코넛밀크파우더로 대체).

3 와플 틀(a)에 넣어 약 4분간 굽는다. 프라이팬에서 일반 팬케이크와 같은 방법으로 구워도 된다.
※와플메이커는 사용하는 종류에 따라 굽는 방법이나 온도 등을 조절해주세요.

4 아이스크림을 올리고 1의 소스를 뿌린다. 슈거파우더를 뿌리고 민트잎으로 장식한다.

Coconut waffle 코코넛밀크 와플

코코넛 향이 나는 반죽을 와플 틀에서 구웠습니다. 아이스크림과 소스를 뿌려서 따끈따끈하게 드세요.

재료(12cm 6장 분량)

달걀 ·································· 중간 크기 2개
그래뉴당 ································· 50g
우유 ····································· 120g
소금 ······························· 1/4 작은술
샐러드유* ······························· 2큰술
	박력분 ····························· 180g
A	아몬드파우더 ························· 20g
	베이킹파우더 ························· 1작은술
	베이킹소다 ·························· 1작은술

〈러스크〉*아래 재료는 각 2장 분량

	그래뉴당 ···························· 4큰술
A	버터 ······························ 적당량
	버터 ······························ 적당량
B	아몬드슬라이스 ······················ 50g
	꿀 ································· 50g
C*	초콜릿 ···························· 30g
	생크림 ···························· 15g

※ 샐러드유 → 버터 30g을 넣어도 된다.
※ C는 코팅초콜릿 40g 또는 초콜릿 데코펜을 써도 된다.

1　기본 반죽 Type1(P.7) 과 같은 방법으로 팬케이크 반죽을 만든다 (박력분의 일부를 아몬드파우더로 대체한다).
※굽고 남은 반죽(냉동생지)을 사용해도 된다.

2　프라이팬을 중불에서 달궈서 뜨거워졌을 때 불을 끄고, 젖은 행주 위에 한번 내려놓았다가 다시 가스레인지에 올려놓는다. 불을 켜기 전에 지름 12cm 정도로 반죽을 붓고 약한 중불로 굽는다. 반죽 표면 전체에 보글보글 기포가 생기면 뒤집어서 굽는다.

3　구워진 팬케이크를 4등분으로 자른다. 작게 구웠을 경우에는 그대로도 괜찮다.

4　A는 부드럽게 녹인 버터를 위쪽에 바르고 그래뉴당을 뿌린다. B는 버터 위에 구운 아몬드 슬라이스와 벌꿀을 섞은 것을 올린다(a). 각각 오븐페이퍼를 깐 오븐팬에 올려놓고 150도로 예열한 오븐에서 바삭해질 때까지 굽는다. C는 아무것도 뿌리지 말고 구운 후에 식힌다. 초콜릿과 생크림을 내열용기에 넣고 500w 전자레인지에서 20초간 돌려서 녹인 것으로 장식한다.

팬케이크 러스크　Rusk　㉓

구운 팬케이크를 다시 오븐에서 바삭하게 구워서 만드는 러스크입니다. 냉동보관해둔 팬케이크를 이용해도 좋아요.

가나슈를 넣은 커피 팬케이크 

초콜릿으로 속을 채워 무스 틀로 구웠어요. 먹기 직전에 살짝 데우면 속에 있는 초콜릿이 녹아서 더 맛있답니다.

재료(지름 8×3cm의 무스 틀로 8개 분량)

달걀	중간 크기 2개
그래뉴당	50g
인스턴트커피	1작은술
뜨거운물	1큰술
소금	1/4 작은술
샐러드유	2큰술
A 박력분	200g
베이킹파우더	1작은술
베이킹소다	1작은술

〈가나슈〉

스위트초콜릿	100g
생크림(36%)	100g
커피리큐어*	1작은술

〈데커레이션〉

마스칼포네치즈와 휘핑크림	적당량
코코아파우더	적당량
커피빈초콜릿	적당량

* 커피리큐어 → 랜디나 좋아하는 양주를 넣어도 된다.

준비해둘 것

- A의 가루류를 합쳐서 체에 쳐둔다.
- 오븐시트를 무스틀 안에 띠모양으로 두르고 바닥에도 깔아 프라이팬에 올려 둔다.(a)
- 인스턴트커피를 뜨거운 물로 녹여서 우유와 섞는다.

1　속에 채울 가나슈를 만든다. 스위트초콜릿을 잘게 잘라서 볼에 넣는다. 끓인 생크림을 붓고 섞어서 녹인다. 커피리큐어를 넣는다.

2　6×12cm 정도의 용기에 랩을 깔고 1을 부어 1cm 정도의 두께로 평평하게 싼 후에 냉장고에서 식혀서 굳힌다.

3　2를 8등분하여 자른다.

4　팬케이크 반죽을 만든다. 볼에 달걀을 넣어 거품기로 풀고 그래뉴당을 넣는다. 그래뉴당이 녹을 정도까지 가볍게 거품을 낸다.

5　커피를 녹여서 섞어둔 우유와 소금을 넣어 섞은 후에 샐러드유를 넣고 섞는다.

6　합쳐서 체에 쳐 둔 가루류를 5에 한꺼번에 넣는다. 거품기 안으로 가루를 통과시키는 느낌으로 대충 섞는다. 날가루가 보이지 않을 때까지 섞는다.

7　무스 틀을 올린 프라이팬을 달구고 틀의 1/3정도까지 반죽을 붓는다(c). 아주 약불로 하여 뚜껑을 덮고 기포가 생기기 시작하면 잘라둔 초콜릿을 가운데에 채우듯이 놓는다(d).

8　초콜릿이 숨겨질 정도로 위에서 반죽을 붓고 프라이팬에 뚜껑을 덮은 후, 아주 약한 불에서 10분 정도 굽는다. 표면이 마른 느낌이 나기 시작하면 오븐페이퍼를 위에 덮고 반죽이 흐르지 않도록 조심스레 뒤집어 (e) 5분 정도 굽는다.

9　식었으면 무스 틀에서 꺼내어 마스칼포네치즈와 휘핑크림, 커피빈초콜릿, 코코아파우더 등으로 장식한다.

재료(지름 16cm 프라이팬으로 1개 분량)

달[illegible]걀	중간 크기 1개
그래뉴당	25g
우유	60g
소금	1/6 작은술
버터(무염)	15g
A 박력분	100g
시나몬파우더	1/2 작은술
베이킹파우더	1/2 작은술
베이킹소다	1/2 작은술
호두	20g
〈사과캐러멜소테〉	
그래뉴당	30g
사과	1개
버터	10g

준비해둘 것
• A의 가루류를 합쳐서 체에 쳐둔다.
• 버터는 내열용기에 넣고 500W 전자레인지에서 20초간 돌려 녹인 버터를 만들어 둔다.

1　사과캐러멜소테를 만든다. 사과는 껍질을 벗겨서 심을 제거하고 12등분의 꼬치형으로 자른다.

2　프라이팬에 그래뉴당을 넣고 불을 켠다. 녹아서 캐러멜색이 됐으면(a) 1과 버터를 넣고 소테한다. 사과가 익어서 대나무꼬치로 찔러지면 완성(b).

3　16cm의 프라이팬에 2의 사과를 방사선으로 늘어놓고 캐러멜도 넣는다.

4　기본 반죽 Type1(P.7)과 같은 방법으로 팬케이크 반죽을 만들고(샐러드유는 녹인 버터로 대체하고 박력분에 시나몬파우더를 넣는다) 마지막에 잘게 자른 호두를 넣어 섞는다.

5　사과를 늘어놓은 프라이팬을 약불에 올려놓은 후, 반죽을 전체에 붓고 뚜껑을 덮는다. 위쪽에 걸쭉하게 흘러내리는 반죽이 줄어들 때까지 10분 정도 굽는다.

6　같은 사이즈나 한둘레 큰 프라이팬에 뒤집어서 꺼내 놓고 아주 약한 불로 6분 정도 굽는다(너무 빨리 뒤집으면 반죽이 굳지 않으므로 퍼져버린다. 이 경우에는 띠 모양으로 만든 알루미늄호일 같은 것을 둘레에 감거나 처음 프라이팬에 다시 넣고 조금 더 구워서 굳힌 후 다시 뒤집는다.

Apple cinnamon Pancake

타르트 타탱풍 애플시나몬 팬케이크

사과를 소테하여 만든 타르트타탱풍 팬케이크. 작은 프라이팬과 큰 프라이팬을 짝꿍처럼 사용하여 만들었어요.

재료(지름 6×4cm 무스 틀 8개 분량)

달걀	중간 크기 1개
그래뉴당	25g
우유	60g
소금	1/6 작은술
버터(무염)	15g
A 박력분	100g
A 코코아파우더	1작은술
A 베이킹파우더	1작은술
다크스위트체리(캔)	56알(약1캔)

준비해둘 것

- A의 가루류를 합쳐서 체에 쳐둔다.
- 버터는 내열용기에 넣고 500W 전자레인지에서 20초간 돌려 녹여 둔다.

1 기본 반죽 Type1(P.7)과 같은 방법으로 팬케이크 반죽을 만들어(샐러드유는 녹인 버터로 대체하고 박력분에 코코아파우더를 넣는다)

2 지름 6cm의 무스 틀에 오븐시트를 깔고 프라이팬에 올린다(P.8 무스 틀로 굽기 참조).

3 체리 캔(a)은 채반에 쏟아서 과실과 시럽을 분리한다. 무스 틀에 체리를 빈틈없이 올리고 틀의 60%까지 위에서 반죽을 붓는다.

4 프라이팬의 뚜껑을 닫고 아주 약불로 10분 정도(표면이 건조된 느낌이 나기 시작하면)오븐페이퍼를 위에 씌우고 반죽이 흐르지 않도록 조심스레 뒤집어 그대로 5분 정도 굽는다.

a

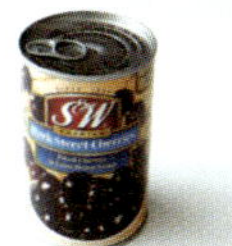

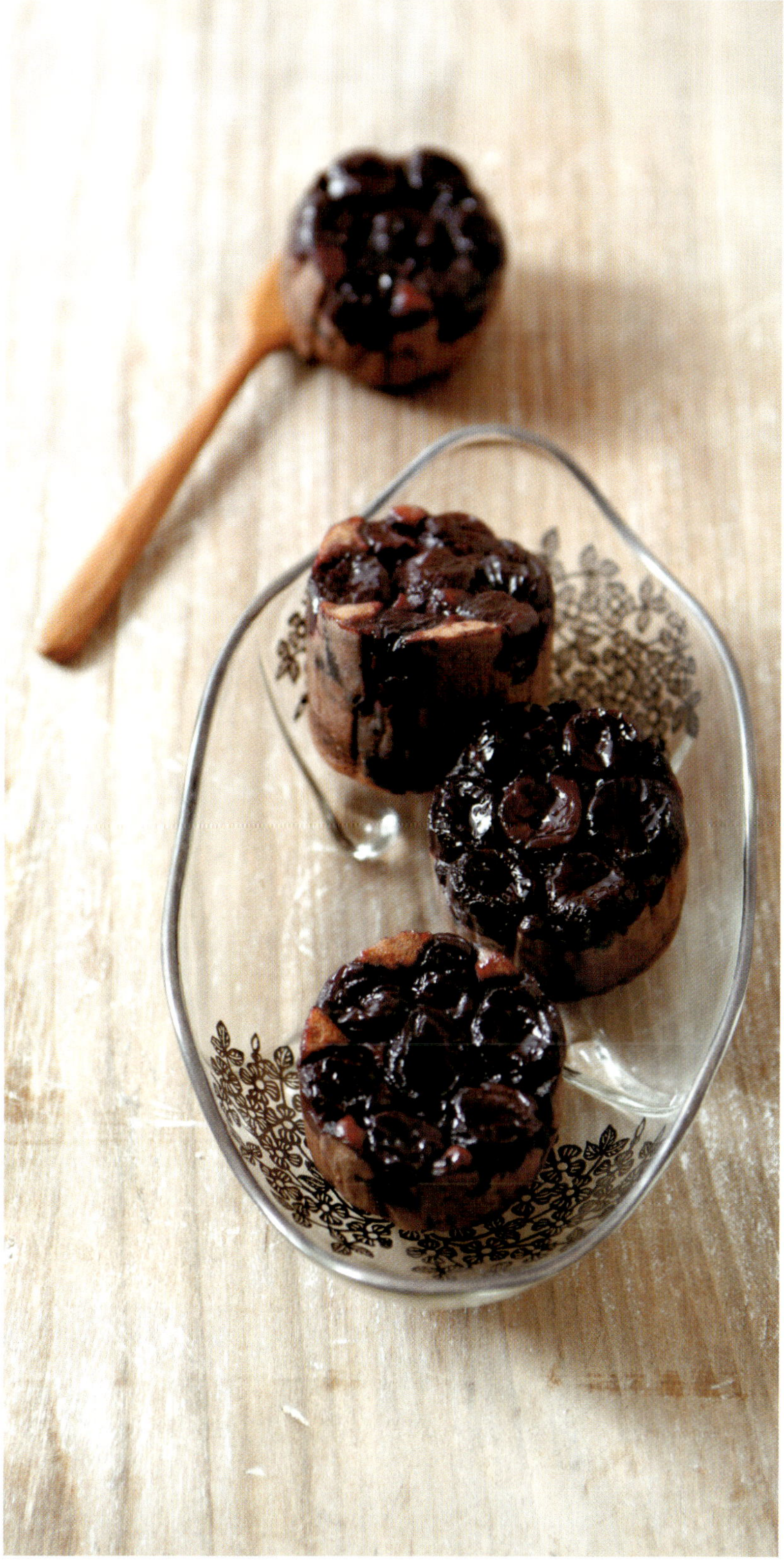

Cherry Pancake

체리 코코아 팬케이크 26

다크스위트체리가 악센트가 된 코코아 반죽의 팬케이크. 자그마한 무스 틀에 구웠습니다.

폭신폭신 리코타 팬케이크 

리코타 치즈를 넣어 만든 팬케이크. 단단한 머랭 만들기가 포인트입니다.

재료(3접시 분량. 12cm 6장 분량)

달걀	중간 크기 2개
요구르트	40g
우유	50g
소금	1/4 작은술
리코타치즈*	100g
A 박력분	90g
A 옥수수전분	10g
A 베이킹파우더	1/2 작은술
달걀흰자	중간 크기 2개
그래뉴당	40g
〈데커레이션〉	
바나나	적당량
슬라이스 아몬드	적당량
슈거파우더	적당량
꿀	적당량

* 리코타치즈 → 직접 만든 리코타풍 치즈를 넣어도 좋다.

준비해둘 것

• A의 가루류를 합쳐서 체에 쳐둔다.

1. 팬케이크 반죽을 만든다. 달걀노른자와 흰자를 각각의 볼에 분리하여 넣는다. 달걀노른자를 풀고 요구르트를 넣는다. 거품기로 잘 섞는다. 우유와 소금을 넣고 잘 섞는다. 리코타 치즈를 넣고 섞는다.

2. 머랭을 만든다. 달걀흰자가 담긴 볼에 그래뉴당을 한 움큼 넣는다. 핸드믹서로 거품을 올린다. 묵직해졌으면 그래뉴당을 1/2 넣는다. 가볍게 뿔이 섰으면 남은 그래뉴당을 넣고 다시 거품을 내고 단단하게 뿔이 섰으면 머랭 완성.(P.10 참조)

3. 합쳐서 체에 쳐 둔 가루류를 1에 한꺼번에 넣는다. 거품기 안으로 가루를 통과시키는 느낌으로 대충 섞는다.

4. 3의 볼에 머랭의 1/2를 넣는다. 고무주걱으로 머랭의 거품이 사라지지 않도록 부드럽게 골고루 섞는다. 나머지 머랭을 넣어 머랭이 사그라지지 않도록 부드럽게 골고루 섞는다. 반죽 완성.

5. 12cm로 붕긋하게 두께감을 내며 펼친 후 뚜껑을 닫고 아주 약불에서 한쪽 면을 약 5분 굽는다. 약간 노릇해졌으면 뒤집고 아주 약불에서 뚜껑을 덮고 다시 5분간 굽는다.

6. 판이나 접시에 꺼내놓고 나머지 반죽도 같은 방법으로 굽는다. 접시에 예쁘게 담고 과일과 견과류, 꿀, 슈거파우더를 뿌린다.

리코타풍 치즈 만드는 법

1. 깊은 냄비에 우유 500g을 넣고 중불에 올린다. 냄비 둘레가 부글부글 끓으면 약간의 소금과 1큰술의 레몬즙을 넣고(a) 잘 섞으면서 가볍게 끓인다. 약불에서 우유의 유지분과 유청(액체)가 분리될 때까지 보글보글 졸인다(b). 강한 불에서 조리면 식감이 거칠어지므로 주의할 것.

2. 하얗게 굳은 부분을 건지고, 가제나 페이퍼타올을 깐 만능체에 붓는다(c). 가볍게 눌러서 수분을 뺀다(d). 수분이 빠져 100g정도가 됐으면 완성(e).

재료(4접시 분량. 지름 20cm 프라이팬으로 12장 분량)

박력분	90g
그래뉴당	30g
소금	1/4 작은술
달걀	중간 크기 2개
우유	240g
버터(무염)	30g
〈오렌지소스〉	
오렌지	2개
버터	20g
그래뉴당	20g
그랑마니에	2큰술

준비해둘 것
• 버터는 내열용기에 넣고 500W 전자레인지에서
20초간 돌려 녹여 둔다.

1 박력분과 그래뉴당을 합쳐서 체에 쳐서 볼에 담고 소금을 넣는다. 가루의 가운데에 달걀을 깨 넣고 우유를 넣으면서 거품기로 조금씩 섞어나간다. 한번 체에 내리고 마지막에 녹인 버터를 섞는다. 그대로 랩에 싸서 1시간 정도 휴지시킨다. 여름철에는 냉장고에 넣는다.

2 프라이팬을 달구고 약한 중불로 하여 기름(분량 외)을 살짝 두른다. 반죽을 얇게 붓고 둘레가 약간 벗겨지기 시작하면 약불로 줄여서 뒤집고 몇 초간 굽고 꺼낸다. 크레페 완성.

3 오렌지소스를 만든다. 오렌지 1개는 껍질 부분만 1/2 정도 강판에 갈고 나서 껍질을 벗기고ⓐ 속껍질과 과실 사이에 칼을 넣어서 겁질을 벗기고 속살만 잘 꺼낸다ⓑ. 다른 1개의 오렌지는 짜서 주스로 만든다.

4 여기서부터는 두 번으로 나눠서 작업을 한다. 먼저 프라이팬에 버터 10g을 넣어서 녹인 후에 그래뉴당 10g과 3에서 강판에 간 오렌지 껍질의 1/2분량, 오렌지주스 짠 것의 1/2분량을 넣는다. 거기에 넷으로 접은 크레페를 6장 올려 소스의 맛이 배이도록 둔다.

5 그랑마니에에 1큰술을 뿌려서 향을 낸다. 1접시에 크레페 3장과 소스를 담고 오렌지로 장식한다. 다시 한 번 4, 5를 반복한다.

Crêpe Suzette **크레페 수제트**

크레페도 팬케이크의 일종이랍니다. 휘핑크림과 과일을 싸서 먹는 것도 맛있지만 약간만 더 신경을 써서 수제트를 만들어보세요.

재료(13×18cm 사각 달걀말이팬 2개 분량)

달걀	중간 크기 2개
그래뉴당	50g
우유	100g
소금	1/4 작은술
버터(무염)	30g
A 박력분	200g
베이킹파우더	1작은술
베이킹소다	1작은술

〈달걀액〉

달걀	1개
메이플슈거*	30g
우유	150g
생크림*	50g
바닐라빈	5cm

〈굽기용〉

버터	적당량

※ 메이플 슈거 → 그래뉴당도 된다.

※ 생크림 → 없으면 우유 200g을 넣는다.

1 기본 반죽 Type1(P.7)과 같은 방법으로 팬케이크 반죽을 만든다(3번에서 샐러드유 대신 녹인 버터를 넣는다). ※굽고 남은 반죽(냉동생지)을 사용해도 된다.

2 사각프라이팬에서(P.8참조) 반죽을 2번으로 나눠서 굽는다(반죽을 1/2씩 굽기 때문에 두껍게 구워진다).

3 다 구운 팬케이크를 3cm 정사각형으로 자른다.

4 달걀물을 만든다. 달걀을 깨서 풀고 메이플슈거를 넣어 섞는다. 우유와 생크림을 조금씩 섞어 가면서 넣고 마지막에 바닐라빈을 넣고 섞는다. 꼬투리부분도 같이 넣어둔다.

5 자른 팬케이크를 4에 30분 이상 담가놓는다.(팬케이크가 달걀액을 흡수하여 더욱 두꺼워진다).

6 약불에 프라이팬을 올려서 버터를 녹이고 5를 굽는다. 각각의 면이 프라이팬에 닿을 수 있도록 뒤집고 노릇노릇하게 되었으면 완성. 메이플시럽이나 P.58의 소금밀크캐러멜소스, 슈거파우더와 잘 어울린다.

준비해둘 것
• 버터는 내열용기에 넣어서 500W의 전자레인지에서 20초간 돌려 녹여 둔다.

프렌치 토스트 팬케이크 French toast Pancake

남은 팬케이크로 간단하게 만들 수 있어 더욱 즐거운 간식. 메이플 시럽을 듬뿍 뿌려서 드세요.

안주로 폼나는 팬케이크

센스 있는 안주로 팬케이크는 어떠세요?
반죽부터 시작해서 만드는 것도 힘들진 않지만
혹시 남아서 얼려둔 것이 있다면
바로 만들 수 있어 더욱 즐거워요.
자, 맛있는 안주용 팬케이크입니다.

재료(13×18cm 사각달걀말이팬 2장 분량)

달걀	중간 크기 1개
그래뉴당	10g
토마토주스	70g
소금	1/2 작은술
올리브오일	1큰술
A 박력분	120g
베이킹파우더	1작은술

〔피자A〕

모짜렐라치즈	1개
말린 토마토 오일절임	5장

〔피자B〕

그뤼예르치즈	40g
아스파라거스	가는 것으로 8개
파르미지아노 레지아노	적당량
굵은 후추	적당량

* 모짜렐라치즈, 그뤼예르치즈 → 피자치즈로 대체가능

1 기본 반죽 Type1(P.7)과 같은 방법으로 팬케이크 반죽을 만든다(2번에서 우유 대신 토마토주스를 넣고, 3번에서 샐러드유 대신 올리브오일을 넣는다).

2 반죽을 2번에 나눠서 사각 프라이팬으로(P.8참조) 굽는다.

3 구운 팬케이크에 원하는 토핑과 치즈를 올리고, 오븐토스터 또는 200도 오븐에 넣는다. 치즈가 녹고 노릇노릇해지도록 굽는다.

준비해둘 것
• A의 가루류를 합쳐서 체에 쳐둔다.

30 Pizza Pancake 피자 팬케이크

사각 팬에서 구운 피자 팬케이크예요. 재료 자체를 살린 심플한 토핑이 돋보이네요. 토마토주스를 섞은 반죽으로 만들었습니다.

재료(12cm로 10개 분량)

달걀	중간 크기 2개
그래뉴당	20g
요구르트	80g
물	20g
우유	120g
소금	1/3 작은술
샐러드유	2큰술
A 박력분	200g
A 카레가루	1작은술
A 베이킹파우더	1작은술
A 베이킹소다	1작은술
커민	약간

〈속재료〉

닭다리살	400g
소금	1/2 작은술
통후추	약간
파슬리, 로즈마리 등의 허브	약간
샐러드유	2큰술
레몬즙	1큰술

〈소스〉

마요네즈	30g
요구르트	10g
통후추	약간

〈그외〉

잔주름상추	적당량

준비해둘 것

• A의 가루류를 합쳐서 체에 쳐둔다.

1 닭다리살은 한입크기로 작게 잘라 소금, 통후추, 허브를 뿌려서 맛이 배이도록 둔다.

2 프라이팬에 샐러드유를 두르고 1을 볶는다. 마지막에 레몬즙을 넣는다.

3 기본 반죽 Type2(P.9)와 같은 방법으로 팬케이크 반죽을 만든다(박력분에 카레가루를 넣는다). 수분이 많은 편이므로 약간 부드러운 반죽이 된다.

4 프라이팬을 중불에서 달궈서 뜨거워졌을 때 불을 끄고, 젖은 행주 위에 한번 내려놓았다가 다시 가스레인지에 올려놓는다. 불을 켜지 말고 지름 12cm 정도로 반죽을 얇게 붓고 커민을 뿌린다. 기본 반죽보다 덜 굽는다(나중에 반으로 접어야하므로 지나치게 구우면 부러져버린다. 따뜻할 때 반으로 접어두면 작업하기 쉽다).

5 마요네즈와 요구르트를 합쳐서 소스를 만든다. 커민을 뿌린 면을 아래에 두고 반죽의 반쪽에 잔주름상추를 깔고 2의 치킨을 올린 후, 소스를 뿌리고 반으로 접는다.

카레 팬케이크 Curry Pancake

31

반죽에 카레가루를 섞고 커민을 뿌려서 악센트를 주었어요. 치킨소테를 잘 싸서 드세요.

B
C
D
A

팬케이크 카나페 ㉜

작게 구운 팬케이크를 냉동실에 보관해 놓으면 언제든지 사용할 수 있어 편리합니다.
반죽은 프라이팬에서 구운 후, 다시 오븐에서 바삭바삭하게 될 때까지 구워주세요.

재료(5cm 크기로 32장 분량)

달걀	중간 크기 1개
그래뉴당	10g
요구르트	40g
물	10g
우유	50g
소금	1/4 작은술
버터(무염)	1큰술
A 박력분	100g
베이킹파우더	1작은술
버터	적당량

〔카나페A〕※아래 재료는 8개 분량

버섯	1팩
베이컨	2장
마늘	1쪽
버터	10g
블랙올리브	2알

〔카나페B〕※아래 재료는 8개 분량

사워크림	1팩(소)
생햄	8장
이탈리안 파슬리	약간

〔카나페C〕※아래 재료는 8개 분량

삶은 달걀	슬라이스 8개
브로콜리	작은 송이 8개
마요네즈	약간
이크라	적당량

〔카나페D〕※아래 재료는 8개 분량

블루치즈	원하는 양
사과슬라이스	작게 16개
벌꿀	적당량

※ 사워크림 → 없을 때는 기본 반죽 Type2의
팬케이크로 만들어도 된다.

준비해둘 것
• A의 가루류는 합쳐서 체에 쳐둔다.
• 버터는 내열용기에 넣고 500W 전자레인지에서
20초간 돌려 녹여 둔다.

1 팬케이크 반죽을 만든다. 볼에 달걀을 넣어 거품기로 풀고 그래뉴당을 넣는다. 그래뉴당이 녹을 정도까지 가볍게 거품을 낸다.

2 요구르트와 물을 넣는다.

3 우유와 소금을 넣고 잘 섞는다. 이어서 녹인 버터를 넣고 섞는다.

4 합쳐서 체에 쳐둔 가루류를 한꺼번에 넣는다. 거품기 안으로 가루를 통과시키는 느낌으로 대충 섞는다. 날가루가 보이지 않고 매끄러운 상태가 될 때까지 섞는다.

5 프라이팬을 중불에서 달궈서 뜨거워졌을 때 불을 끄고, 젖은 행주 위에 한번 내려놓았다가 다시 가스레인지에 올려놓는다. 불을 켜기 전에 반죽을 1큰술 정도씩 (약 5cm 크기) 올리고 가스불을 약한 중불로 켠다. 반죽 표면 전체에 보글보글 기포가 생기기 시작하면 뒤집어서 굽는다. 크기가 작으므로 한 번에 여러 장 굽는다.

6 구워서 접시에 꺼내놓은 팬케이크에 얇게 버터를 바르고 130도 오븐에서 바삭바삭하게 될 때까지 굽는다.

7 재료를 토핑한다. A는 버섯과 베이컨을 작게 잘라서 마늘슬라이스와 함께 버터로 볶는다. 위쪽에 슬라이스한 블랙올리브를 올린다. B는 사워크림과 생햄의 모양을 정돈해서 올리고 이탈리안 파슬리를 곁들인다. C는 삶은 달걀슬라이스에 소금물에 데친 브로콜리와 이크라를 올리고 약간의 마요네즈를 짜놓는다. D의 치즈는 원하는 양을 올린 후에 사과를 곁들이고 꿀을 뿌린다.

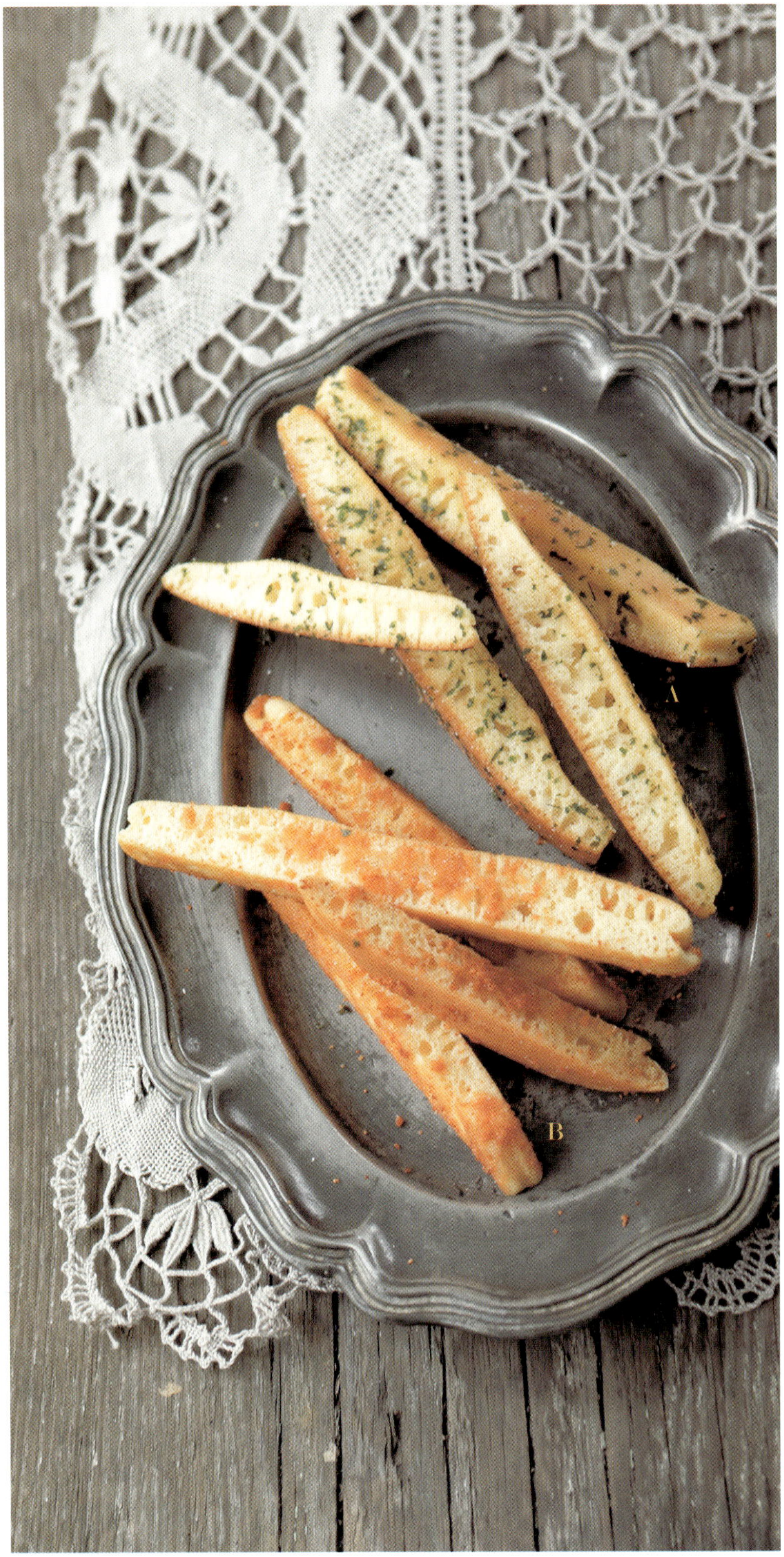

재료(12cm로 4장 분량)

달걀	중간 크기 1개
그래뉴당	15g
요구르트*	40g
물*	10g
우유	50g
소금	1/6 작은술
샐러드유	1큰술
A 박력분	100g
A 베이킹파우더	1/2 작은술
A 베이킹소다	1/2 작은술

{버터스틱A} ※아래 재료는 2장 분량

마늘	한쪽
버터	50g
파슬리가루	적당량

{버터스틱B} ※아래 재료는 2장 분량

버터	50g
명란젓	1개

※ 요구르트+물 → 마시는 요구르트 50g 또는
액체 버터밀크 50g을 넣어도 된다.

준비해둘 것

• A의 가루류를 합쳐서 체에 쳐둔다.

1 남은 팬케이크를 사용한다. 없을 때는 기본 반죽 Type2(P.9)
와 같은 방법으로 팬케이크 반죽을 만든다.

2 폭 2cm 간격으로 스틱 모양으로 자른다. 그대로 약간 건조
시킨다.

3 A는 프라이팬에 마늘과 버터를 넣고 약불에 올려 버터를 녹
이고, 2를 넣어 돌려주면서 전체적으로 마늘버터가 스며들
게 한 후에 파슬리를 뿌린다.
모든 면을 돌리면서 약불에서 굽는다. B는 버터와 껍질 벗긴 명
란젓을 프라이팬에 넣은 후 약불에서 버터를 녹이고 2 를 넣고
명란젓을 전체적으로 발라준다.

4 오븐시트를 깐 오븐판에 올리고 130도 오븐에서 15분 정도
바삭바삭해질 때까지 굽는다.

버터스틱 팬케이크

냉동실에 얼려둔 팬케이크가 있다면? 맛도 좋지만 빨리 만들 수 있어 더욱 즐거운 레시피랍니다.

재료(판초 20개 분량)

달걀	중간 크기 1개
그래뉴당	10g
요구르트*	40g
물*	10g
우유	50g
소금	1/4 작은술
샐러드유	1큰술
A 박력분	100g
베이킹파우더	1/2 작은술
베이킹소다	1/2 작은술

{판초A} ※아래 재료는 10개 분량

가리비	5개
주키니	5cm
버터	1큰술
파슬리가루	적당량
소금.후추	약간
페퍼햄	10장
블랙올리브	10알
마요네즈	약간

{판초B} ※아래 재료는 10개 분량

까망베르 치즈	1/2개
작은새우(삶은 것)	10마리
훈제연어	10장
그린올리브	10알
딜(허브)	약간
마요네즈	약간

* 요구르트+물 → 마시는 요구르트 50g.
또는 액체 버터밀크 50g을 넣어도 된다.

준비해둘 것

· A의 가루류를 합쳐서 체에 쳐둔다.

1 기본 반죽 Type2(P.9)와 같은 방법으로 팬케이크 반죽을 만든다. 좋아하는 스타일의 팬케이크나 남은 팬케이크로 만들어도 된다.

2 사각팬에(P.8 참조) 반죽을 굽는다. 둘레가 단단해지고 표면에 기포가 생기기 시작하면 다른 프라이팬 위로 뒤집어서 넣고 노릇노릇해질 때까지 굽는다. 다 구워졌으면 판이나 접시에 올린다.

3 다 구운 팬케이크를 3~3.5cm의 정사각형으로 자른다. 남은 팬케이크로 만들 때처럼 모양이 둥근 경우에는 꼭 정사각으로 자르지 않아도 된다.

4 A는 가리비 1개를 1/2로, 주키니는 두께 5mm로 슬라이스 한다. 둘 다 프라이팬에서 버터 소테하여 소금과 후추로 간을 한다. B는 까망베르 치즈를 얇게 자른다.

5 3의 팬케이크를 밑에 깔고 준비한 재료와 팬케이크를 쌓아 올린다. 대나무꼬치로 전체의 중앙을 아래까지 끼워서 고정시킨다. 적당량의 마요네즈를 사용하여 재료를 접착시키는데 써도 좋다.

팬케이크 판초 34

간단한 손님맞이상에 올려도 좋은 팬케이크 판초.
반죽은 플레인 기본 반죽입니다.

Sauce, Cream, Dip

팬케이크가 더욱 맛있어지는
소스와 딥

소스와 딥, 크림, 페이스트 등
팬케이크에 곁들여 먹기 좋은 것들을 소개합니다.
평범한 팬케이크가 좀더 특별해지는, 기억해두면 즐거운 레시피입니다.

재료(4인분)

그래뉴당	40g
소금	1g
생크림(유지방36%)	100g

1 생크림을 작은 냄비에 넣고 불에 올리거나 전자레인지에서 돌려 끓기 직전까지 데운다.
2 그래뉴당을 냄비에 넣어 녹이고 캐러멜색이 될 때까지 약불에서 끓인다. 1의 생크림을 2번으로 나눠서 붓는다(튀기므로 화상에 주의). 소금을 넣고 섞어서 매끄럽게 만든다. 보관기간은 냉장고에서 1주일.

소금밀크캐러멜 소스
Milk caramel Sauce

재료(4인분)

딸기	120g
라즈베리	50g
블루베리	30g
레몬즙	2작은술
그래뉴당	30~40g

*베리류는 냉동믹스베리를 사용해도 된다.

1 딸기는 꼭지를 따고 다른 과일은 그대로 냄비에 넣는다.
2 그래뉴당(양은 과일의 당도에 따라서 가감한다)과 레몬즙을 넣고 약불에 올린다. 끓어서 거품이 나기 시작하면 건져내고 보글보글 졸인다. 과일이 부드러워지면 그대로 한 김 뺀다. 보관 기간은 냉장고에서 1주일.

베리 소스
Berry Sauce

허니너트 소스
Honey nuts Sauce

재료(4인분)

꿀	적당량
아몬드	30g
호두	20g
피스타치오	6g
캐슈넛	20g

1 생 견과류일 경우에는 140도 오븐에서 구워서 사용한다. 작은 병에 구운 견과류를 80%까지 넣는다.
2 그 견과류 위에 1cm정도까지 꿀을 넣고 하루 절인다.
보관기간은 2주일.

화이트초코 바닐라 소스
White chocolate Sauce

재료(4인분)

화이트초콜릿	40g
바닐라빈	5cm
생크림(유지방36%)	100g

1 바닐라빈의 껍질은 세로로 칼집을 넣고 속을 긁어낸다. 꼬투리까지 함께 볼에 넣고 잘게 자른 화이트초콜릿과 섞어둔다.
2 생크림을 끓여서 1에 넣고 섞는다. 매끄럽게 섞는다.
보관기간은 냉장고에서 1주일.

재료(4인분)

생크림(유지방36%)·····················100g
스위트초콜릿·····························40g

1 초콜릿을 잘게 잘라 볼에 넣는다.
2 생크림의 반을 작은 냄비에 넣어서 끓기 직전까지 데
우고 1을 넣고 초콜릿을 섞어서 녹인다.
3 나머지 생크림을 넣고 볼 바닥을 얼음물에 댄 채로
80%까지 거품을 낸다. 보관기간은 냉장고에서 2일.

초콜릿 휘핑크림
Chocolate Whipped cream

재료(4인분)

생크림(유지방36%)·····················100g
라즈베리퓌레·····························30g
그래뉴당································10g

*라즈베리퓌레는 냉동라즈베리를 써도 좋다.

1 냉동라즈베리를 사용할 때는 으깨서 퓌레 상태로 만
든다.
2 재료를 전부 볼에 넣고 볼의 바닥을 얼음물에 댄 채
거품을 80%까지 낸다. 보관기간은 2일.

라즈베리 휘핑크림
Raspberry Whipped cream

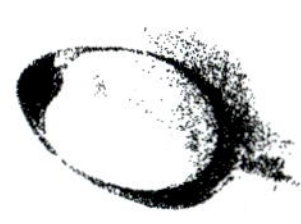

Whipped cream
휘핑크림

커스타드 휘핑크림
Custard Whipped cream

재료(4인분)

달걀노른자·······························1개
그래뉴당································20g
박력분··································9g
우유···································100g
생크림(유지방43%)·····················100g

1 작은 내열볼에 달걀노른자를 깨서 담고 그래뉴당을 넣고 섞는다. 체에 친
박력분을 넣어 섞고 마지막으로 우유를 조금씩 넣어가며 섞는다.
2 랩을 씌우고 500w의 전자레인지에서 2분간 가열한 후에 1번 꺼내서 섞는
다. 다시 한 번 랩을 씌워 30초 동안 가열하고 전체가 크림화되었으면 완성. 다
른 볼에 담아 랩을 딱 맞게 씌우고 볼 바닥을 얼음물에 대고 식힌다.
3 별도의 볼에 생크림을 넣고 바닥을 얼음물에 댄 채, 단단한 뿔이 생길 때
까지 거품을 낸다. 2가 식었으면 매끄럽게 만들어 여기에 넣어 섞는다. 보관
기간은 냉장고에서 다음날까지.

요구르트 휘핑크림
Yoghourt Whipped cream

재료(4인분)

생크림(유지방43%)·····················100g
플레인요구르트·····························30g
그래뉴당································12g

1 재료를 전부 볼에 넣고 볼의 바닥을 얼음물에 담근 채
거품을 80%까지 낸다. 보관기간은 냉장고에서 2일.

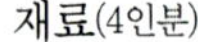

버터(무염)	50g
슈거파우더	10g
건포도	30g
럼주	1큰술

1   건포도에 럼주를 뿌리고 섞은 후 잘 스며들도록 그대로 둔다.

2   버터를 실온에 두어 크림화시킨 후, 슈거파우더를 섞는다.

3   2에 1을 넣고 섞는다. 건포도에 럼주가 스며들지 않았을 때는 그 럼주도 같이 버터에 넣어서 섞는다. 보관기간은 냉장고에서 3주간.

럼레이즌 버터
Ram raisins Butter Cream

재료(4인분)

버터(무염)	50g
슈거파우더	20g
시나몬파우더	1/3 작은술

1   버터를 실온에 두어 크림화시킨 후, 슈거파우더와 시나몬파우더를 섞는다. 보관기간은 냉장고에서 3주간.

시나몬슈거 버터
Cinnamon Sugar Butter Cream

Butter Cream
버터크림

콩가루 버터
Bean Flour Butter Cream

프랄린 버터
Praline Butter Cream

재료(4인분)

버터(무염)	50g
콩가루	30g
꿀	30g

1   버터를 실온에 두어 크림화시킨 후, 콩가루와 꿀을 넣고 섞는다. 보관기간은 냉장고에서 3주간.

재료(4인분)

버터(무염)	50g
슈거파우더	20g
프랄린*	2큰술

*프랄린은 페이스트 상태 혹은 알갱이 상태여도 상관없다.

1   버터를 실온에 두어 크림화시킨 후, 슈거파우더와 프랄린을 넣고 섞는다. 보관기간은 냉장고에서 3일.

재료(4인분)

말린 푸룬······················80g
레드와인·····················1큰술
꿀····························1큰술

1 말린 푸룬을 믹서로 갈거나 식칼로 잘게 다져서 페이스트 상태로 만든다.
2 레드와인과 꿀을 넣고 섞는다. 말린 푸룬이 딱딱할 때는 와인이나 꿀을 더 넣어서 굳기를 조절한다. 보존기간은 냉장고에서 1주일.

푸룬 페이스트
Prune Paste

재료(4인분)

사워크림·····················80g
말린 크랜베리·················20g
말린 블루베리·················10g

1 사워크림을 부드럽게 만들고, 말린 크린베리와 말린 블루베리를 섞어서 30분 정도 둔다.
2 과일이 흐물흐물해져서 섞이기 시작하면 다시 한번 섞으면서 균일하게 만든다. 보관기간은 냉장고에서 3일.

베리베리 사워 페이스트
Berry Paste

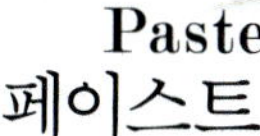

Paste
페이스트

파인애플 크림치즈 페이스트
Pineapple Paste

재료(4인분)

크림치즈······················80g
파인애플(캔)··················30g

1 파인애플을 믹서로 갈거나 식칼로 다진다.
2 크림치즈를 부드럽게 만들어 1을 넣고 균일하게 되도록 섞는다. 보존기간은 냉장고에서 3일간.

허브 크림치즈 페이스트
Herb Paste

재료(4인분)

크림치즈······················60g
생크림························50g
신선한 허브*··················5g

*신선한 허브는 딜이나 이탈리안파슬리 등

1 크림치즈를 부드럽게 만든다.
2 허브는 식칼로 잘게 다진다.
3 생크림을 60% 정도로 거품낸다. 거품을 낸 생크림과 다진 허브를 1에 넣고 섞는다. 보관기간은 냉장고에서 2일간.

달걀

이 책에서는 중간 크기를 사용. 세 개의 기본반죽은 중간 크기 달걀 2개로 팬케이크가 6장~8장 완성되는 레시피입니다. 달걀은 신선한 것을 사용하세요.

우유 · 요구르트

저지방우유는 피하며 신선한 것을 사용합니다. 요구르트는 설탕이 들어있지 않은 플레인 타입을 고르세요.

*기본 반죽 Type2에서는 요구르트와 물 대신, 마시는 요구르트 또는 액상 버터밀크(P.17 참조)를 사용하는 것도 가능합니다.

샐러드유

반죽 만들 때도, 구울 때에도 사용합니다. 산화되지 않은 기름을 사용하세요. 버터 풍미를 원하는 분은 샐러드유를 무염버터로 바꿔서 사용하는 것도 좋습니다.

소금 · 그래뉴당

설탕은 특유의 향이 없는 그래뉴당을 사용합니다. 취향에 맞는 설탕(삼온당이나 수수설탕 등으로 바꿔서 넣어도 괜찮습니다) 반죽에 소량의 소금을 넣어주면 다른 재료의 맛이 살아납니다.

베이킹파우더 · 베이킹소다

이 책에서는 베이킹파우더와 베이킹소다를 둘다 사용한 레시피로 소개했습니다. 둘 중에 하나가 없을 경우는 두배를 넣어 만드는 것도 가능합니다. 나눠서 넣는 이유를 잘 읽어보세요.(P.17 참조)

박력분 · 옥수수전분

어느 타입의 반죽이든 밀가루는 박력분을 사용했습니다. 뭉어리가 생기는 것을 방지하기 위해서 사용할 때는 반드시 체에 쳐서 사용합니다. 옥수수전분은 기본반죽 Type3에서만 사용. 전립분을 사용하는 레시피도 있습니다.

디지털저울 · 계량스푼 · 타이머

제과 제빵에서는 정확하게 계량할 수 있는 디지털저울을 사용하세요. 적은 양을 잴 때는 계량스푼을 사용합니다. 굽는 시간을 맞출 수 있는 타이머도 준비해두면 편리합니다.

프라이팬

수지가공된 것이나 그 외의 소재로 만든 것 등 많은 종류가 있습니다. 사각형으로 굽고 싶을 때는 달걀말이용 프라이팬. 작게 테두리까지 굽는 색을 내고 싶을 때는 작은 프라이팬에 반죽을 넣는 등 나눠서 사용합니다. 반죽이 속까지 익을 수 있도록 뚜껑도 준비해주세요.

볼 · 체

볼은 지름 24cm, 21cm를 사용. 생크림을 거품낼 때, 머랭을 만들 때는 얼음물에 대고 작업할 수도 있으므로 사이즈가 다른 것으로 몇 개 준비해두면 유용하게 쓰입니다. 스테인레스나 법랑을 추천합니다.

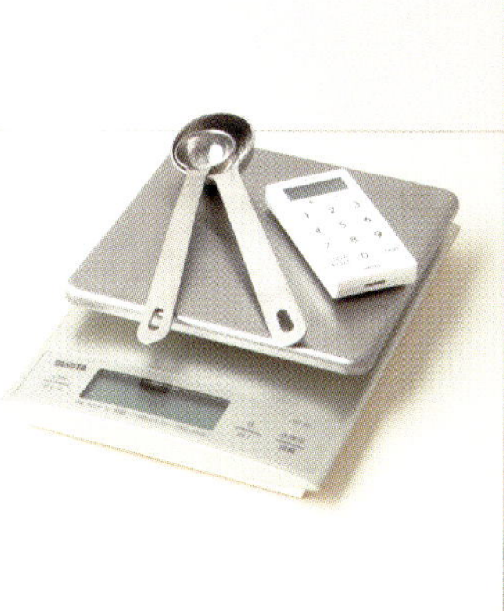

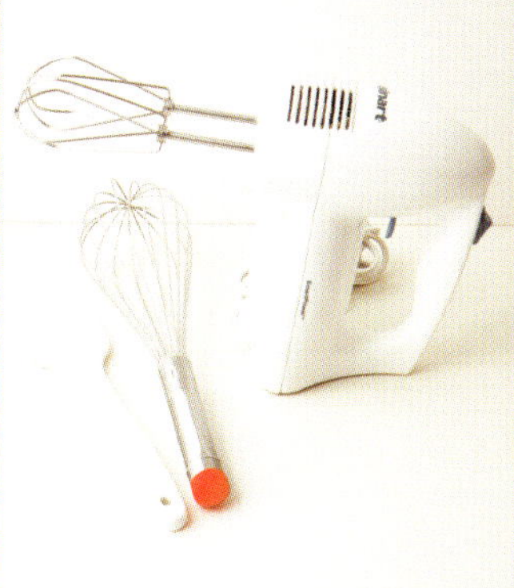

오븐페이퍼 · 무스틀

오븐페이퍼는 무스틀로 구울 때 뒤집개를 사용하지 않고 프라이팬을 거꾸로 들어 뒤집는 작업이 필요한 사각형이나 작은 프라이팬에서 구울 때에 사용합니다. 이 책에서는 지름 6, 8, 12, 15cm, 높이 3~5cm의 무스틀을 사용했어요.

국자 · 뒤집개

국자는 반죽을 프라이팬에 넣을 때 사용. 뒤집개는 굽고 있는 반죽을 뒤집을 때 사용합니다. 프라이팬에 따라서는 금속뒤집개는 사용하면 안되는 것도 있으므로 집에 있는 프라이팬과 맞는 것을 고르세요.

핸드믹스 · 거품기 · 고무주걱

머랭을 만들거나 생크림을 거품낼 때에 있으면 편리한 것이 핸드믹서. 거품기는 반죽만들기에 사용합니다. 고무주걱은 볼의 둘레에 붙은 반죽을 균일하게 할 때에 씁니다. 손잡이까지 일체형인 내열성이 있는 것을 고르는게 좋습니다.

profile

지은이 다카하시 쿄우코

시바카와 과자교실 사범과를 졸업하고 대학 조리연구실에서 오랫동안 일했다. 잡지와 단행본 스태프로 상품기획이나 개발에 참여하고 있으며 레시피도 제공하고 있다. 과자와 요리교실 강사로 활동했으며 과자 교실 뿐만 아니라 천연효모로 만드는 빵 교실도 유명하다. 저서로는 《롤케이크 AtoZ》, 《치즈케이크》, 《해피우피파이》, 《슈크림》 등이 있으며 현재 제과제빵 스튜디오 젬마(Studio gemma)를 운영하고 있다.

ONE-DAY SWEETS
이토록 멋진 카페 스타일
팬케이크 레시피

1판 1쇄 인쇄 2015년 11월 10일
1판 1쇄 발행 2015년 11월 16일

지은이 ┃ 다카하시 교우코
옮긴이 ┃ 김수정
펴낸이 ┃ 정원정, 김자영
편집 ┃ 홍현숙
디자인 ┃ niceage

펴낸곳 ┃ 즐거운상상
주소 ┃ 서울시 종로구 누하동 158 – 3
전화 ┃ 02 – 706 – 9452
팩스 ┃ 02 – 706 – 9458
전자우편 ┃ happywitches@naver.com
출판등록 ┃ 2001년 5월 7일
인쇄 ┃ 내일북

ISBN 979-11-5536-039-2
ISBN 979-11-5536-020-0 (세트)

값 9,900원

ISBN 979-11-5536-039-2
ISBN 979-11-5536-020-0 (세트)